苹果病害原色图说

王江柱　侯保林　编著

中国农业大学出版社

图书在版编目（CIP）数据

苹果病害原色图说/王江柱，侯保林编著．－北京：中国农业大学出版社，2001.3

ISBN 7－81066－281－3/S·224

Ⅰ．苹…　Ⅱ．①王…②侯…　Ⅲ．苹果－植物病害－图解
Ⅳ．S436.611.1－64

中国版本图书馆 CIP 数据核字(2000)第 48940 号

责任编辑：赵玉琴
封面设计：郑　川

出版发行　中国农业大学出版社
经　销　新华书店
印　刷　涿州市星河印刷厂
版　次　2001 年 3 月第 1 版
印　次　2001 年 3 月第 1 次印刷
开　本　32　印张 2.875　千字 70　彩插 16
规　格　850×1168
印　数　1～5 050
定　价：14.00 元

前　言

在影响果品丰产优质的诸多因素中，果树病害一直是首当其冲的主要因素之一。防治病害，减轻病害所导致的损失，对广大果农和相关科技工作者来说，应当是必须面对的一个重要问题。防治病害，首先要认识病害，要了解病害发生与发展的特点，掌握病害防治的主要措施与技术关键。我们编著这套《图说》的初衷就是想给大家提供一种图文并茂的读物，为果品的丰产优质做出一点微薄的贡献。

编著《图说》的基础是“图”。这套图说中的全部照片除少数几种以外，绝大部分是我们从事果树病害教学、科研、指导生产几十年间亲自拍摄的。有些照片的场景比较常见，较易拍到，不算珍贵；然而，许多照片的场景是可遇而不可求，若非随时留心，抓住时机，一旦时过境迁，就会成为终生憾事。能拍到这些可遇而不可求的珍贵画面，应当是我们的幸运和得意。把我们的幸运和得意编辑成册，奉献给读者诸君是我们多年的梦想。感谢中国农业大学出版社帮助我们实现了多年的梦想。

编著《图说》的关键是“说”。说到点子上，说到要害处，不能言之无物，不能道听途说，不能人云亦云。精练、准确、科学，是我们想要达到的境界。例如，说“症状”，要说识别某种病害的突出特点；说“规律”，要说与防治措施设计密切相关的要点；说“防治”，要说切实可行、行之有效的技术关键。但是，临到动笔才知道，既要对病害理论有深入了解，又要有丰富的实践经验，才能达到我们设想的高度。由于我们的知识和亲历十分有限，在许多地方都难免不尽人意，这是要请读者见谅的。

《苹果病害原色图说》共收录苹果病害 56 种，各种症状照片 120 多幅，其中侵染性病害 42 种，非侵染性病害 14 种。本《图说》以图解文，以文注图，互相参照，便于理解和使用。并请中国农业科学院品种资源研究所陈策研究员审阅，在此表示感谢。“图”要优中选精，“说”要恰如其分。但说易行难，徒唤奈何，诚望读者批评指正。

编著者

2000 年 7 月 10 日

病害解说

目　录

苹果根朽病

症状

根朽病主要为害根部，造成根部皮层腐烂。该病初发部位不定，但无论从何处首先发生，均迅速扩展到根颈部，再从根颈向周围蔓延。根朽病的主要症状特点是：皮层与木质部中间及皮层内部充满白色至淡黄褐色的菌丝层（图 1），呈扇状扩展（图 2），新鲜菌丝层在黑暗处有浅蓝色荧光。由于皮层间充满菌丝，使得皮层分成许多薄片。病皮显著加厚并具弹性，有浓烈的蘑菇味。发病后期，病部皮层腐烂，木质部腐朽；雨季或潮湿条件下，病部或断根处可产生成丛的蜜黄色蘑菇状子实体。轻病树叶小，色淡，叶缘卷曲，新梢生长量小；重病树叶片早落，枝条枯死，甚至全株死亡。

病原

发光假蜜环菌［*Armillariella tabescens*（Scop. et Fr.）Sing.］，属于担子菌亚门真菌。该菌寄主范围非常广泛，可侵害苹果、梨、桃、板栗、杨、榆、槐等 300 余种果树及林木。

发病规律

病菌主要以菌丝体在田间病株及病残体上越冬，残体腐烂分解后病菌随之死亡。病健根接触及病残体移动是病害传播的主要方式。当病健根接触或健根与病残体接触时，病菌即可通过伤口或直接侵入，并迅速扩展为害。

根朽病多发生在由旧林地或河滩地改建的果园中，前作没有种过树的果园很少发病。

防治方法

1. 注意果园前作及土壤处理　新建果园时，不要选择旧林地及树木较多的河滩地、古墓坟场等场所，如必须在这样的地块建园时，首先要彻底清除树桩、残根、烂皮等病残体；其次要对土壤进行灌水、翻耕、晾晒、休闲等，以促进残余病残体的腐烂分解。有条件的也可用塑料薄膜覆盖土壤过夏，利用太阳热能杀死病菌。如果上述措施难以执行，也可用200倍福尔马林液（或甲醛）浇灌土壤进行薰蒸杀菌，待药气充分散发后再定植苗木。

2. 及时治疗病树　发现病树后，首先应挖开根颈周围寻找发病部位，并根据病斑部位彻底寻找主、侧、支根的发病情况；然后根据病情轻重彻底刮除或锯除病组织，并将病残体彻底清除干净；第三，伤口涂药保护，有效药剂如波尔多浆、1%～2%硫酸铜溶液、2～3°Be（波美）石硫合剂等；第四，用无病土或药土覆盖根部，药土为70%五氯硝基苯以1∶50～100的比例与换入新土混合即成。

对轻病树或当难以找到发病部位时，也可采用直接灌药的方法进行治疗。方法为：在树冠下每20 cm左右打一孔，孔径3 cm，孔深30～50 cm，每孔灌入200倍福尔马林液100 ml，然后用土封闭药孔即可。

3. 加强栽培管理　病树治疗后，一方面要增施肥水，保证营养供应，树上重剪，降低树体负担；另一方面还要及时换根或根部嫁接，增加根系吸收能力，进而促进树势恢复。

4. 挖封锁沟　发现病树后，为避免扩散蔓延，可在病树周围挖沟封锁，一般沟深50～60 cm，宽30～40 cm。

苹果紫纹羽病

症状

紫纹羽病主要为害根部，一般多从细支根开始发生，逐渐向上扩展到主根基部，甚至扩展到根颈部或地面以上。该病的主要症状特点是：病根表面缠绕有紫红色菌丝和菌索（图 3），适宜条件下可形成厚绒布状的紫色菌丝膜，后期菌丝膜上可产生紫红色半球形菌核（图 4）。病根皮层腐烂，木质部腐朽，栓皮不腐烂呈鞘状套于根外，捏之易碎裂，烂根具浓烈蘑菇味。轻病树树势衰弱，叶黄早落；重病树枝条枯死，甚至全树死亡。

病原

桑卷担菌（*Helicobasidium mompa* Tanaka），属于担子菌亚门真菌。该菌寄主范围比较广泛，可侵害 51 科 90 属 128 种植物，如苹果、梨、桃等果树，槐、桑等林木，甘薯、花生等农作物。

发病规律

病菌以菌丝、菌索、菌核在田间病株、病残体及土壤中越冬，菌索、菌核在土壤中可存活 5～6 年。在果园中，病菌主要通过病健根接触、病残体及带菌土壤的移动进行传播；远距离传播靠带菌苗木的调运。病菌直接穿透根表皮进行侵染，也可从各种伤口侵入为害。

洋槐是紫纹羽病的重要寄主，靠近洋槐或旧林地、河滩地、古墓坟场改建的果园易发生紫纹羽病；果树行间间作甘薯的果园容易导致该病发生。

防治方法

1. *培育和利用无病苗木* 不要用发生过紫纹羽病的老果园、旧苗圃及种过洋槐的旧林地作苗圃。调运苗木前要进行苗圃检查，坚决不用病苗圃的苗木。定植前要仔细检验，发现病苗要彻底淘汰并烧毁，同时对剩余苗木要进行药剂处理。用50%代森铵水剂1 000倍液或0.5%硫酸铜液浸苗10 min，即有较好的杀菌效果。

2. *注意果园的前作与间作* 尽量不要在旧林地、河滩地及古墓坟场改建果园，如必须使用这样的场所时，则必须进行土壤处理。方法为：休闲或轮作非寄主植物3～5年，促进土壤中存活的病菌死亡，或夏季用塑料薄膜覆盖土壤，利用太阳的热能杀死病菌。另外，不要在果园内间作甘薯等紫纹羽病菌的寄主植物，防止间作植物带菌传病。

3. *加强栽培管理* 增施有机肥及绿肥，增强树势，促进树体愈伤组织的形成，加速伤口愈合，减少病菌侵染概率，提高树体的抗病能力。

4. *病树治疗* 发现病树找到患病部位后，首先要将病部彻底刮除干净，并将病残体彻底清出园外烧毁，然后涂药保护伤口，如40%福美胂可湿性粉剂50～100倍液、病伤一抹灵原液及F843康复剂等。另外，也可用树穴灌药进行病树治疗，有效药剂为50%代森铵水剂500～600倍液。灌药液量因树体大小而异，以药液将整个根区浸透为宜。一般15年生左右大树，每株用药液100～200 kg。

5. *其它措施* 病树治疗后应及时进行根部桥接或换根，促进树势恢复。发现病树后，为防止病健根接触传播，可挖封锁沟对病树进行控制，一般深50～60 cm，宽30～40 cm。

苹果白纹羽病

症状

白纹羽病主要为害根部，一般从细支根开始发生，逐渐向上扩展到主根基部，极少扩展到根颈部及地面以上。该病的主要症状特点是：病根上缠绕有白色或灰白色网状菌丝（图5），有时呈灰白色至灰褐色绒布状菌丝膜（图6），病根皮层腐烂，木质部腐朽，但栓皮不腐烂呈鞘状套于根外，烂根无特殊气味，腐朽木质部表面有时可产生黑色菌核。轻病树树势衰弱，发芽晚，落叶早；重病树枝条枯死，甚至全树死亡。

病原

褐座坚壳［*Rosllinia necatrix*（Hart.）Berl.］，属于子囊菌亚门真菌。该菌寄主范围较广，可侵害34科约60种植物，如苹果、梨、桃、桑、榆等果树及林木。

发病规律

病菌以菌丝、菌索及菌核在田间病株、病残体及土壤中越冬，菌核、菌索在土壤中可存活5～6年。生长季节，病菌可直接穿透根皮侵入为害，也可从伤口侵入为害。近距离传播主要通过病健根接触、病残体及带菌土壤的移动而进行；远距离传播为带菌苗木的调运。

老果园、旧林地、河滩地及古墓坟场改建的果园容易发生白纹羽病。

防治方法

1. 苗木检验与消毒　调运苗木时应严格进行检查，最好进行产地检验，坚决不用病苗圃的苗木，对已调入的苗木要彻底剔除病苗并对剩余苗木进行消毒处理。一般用50%多菌灵可湿性粉剂600倍液或70%甲基托布津可湿性粉剂800倍液浸苗10 min，即可获得良好杀菌效果。

2. 加强栽培管理　育苗或建园时，尽量不要选择老苗圃、老果园、旧林地、河滩地及古墓坟场等场所，如必须使用这些场所时，首先要彻底清除树桩、残根、烂皮等带病残体，然后还要对土壤进行翻耕、晾晒、灌水或休闲、轮作，促进剩余病残体的腐烂分解。增施有机肥及绿肥，增强树势，提高树体伤口愈合能力及抗病能力。

3. 病树治疗　方法同“苹果紫纹羽病”。对白纹羽病有效的药剂为70%甲基托布津可湿性粉剂800～1 000倍液及50%多菌灵可湿性粉剂600～800倍液等。

4. 其它措施　参考“苹果紫纹羽病”。

苹果白绢病

症状

主要为害根颈部。发病初期，根颈部表面先产生白色菌丝（图7），表皮呈水渍状褐色病斑，稍后，菌丝覆盖整个根颈部，呈丝绢状，潮湿条件下，菌丝能蔓延至周围地面及杂草上；后期，根颈部皮层腐烂，有浓烈的酒糟味，并可溢出褐色汁液。病株枝条节间短，叶片小而发黄。腐烂部分绕茎一周后，导致全株衰弱甚至枯死。秋季，病部表面、周围土壤缝隙及杂草上可长出许多茶褐色菜籽状菌核。

病原

白绢阿太菌［*Athelia rolfsii* (Curzi) Tu. & Kimbrough］，属于担子菌亚门。该菌寄主范围比较广泛，除为害苹果外，还可侵染梨、桃、葡萄等200多种植物。

发病规律

病菌主要以菌核在土壤中越冬，也可以菌丝在田间病株及病残体上越冬。自然条件下，菌核可在土壤中存活5～6年。菌核萌发后，通过各种伤口或直接侵入根颈部。菌丝蔓延、菌核随雨水或灌溉水及农事操作移动，是近距离传播的主要途径；远距离传播主要靠带菌苗木的调运。

高温、高湿是白绢病发生的重要条件。酸性土壤利于发病，前作为树木、花生、大豆及茄科作物的果园容易发病。

防治方法

1. 培育和利用无病苗木　不要用旧林地、花生地、大豆地及蔬菜地育苗，最好选用前茬为禾本科作物的地块作苗圃。调运和定植前应仔细检验苗木，发现病苗彻底烧毁，剩余苗木进行药剂消毒，可用50%代森铵水剂600倍液浸苗10～15 min。

2. 病树治疗　发现病树，找到患病部位后，在彻底刮除病变组织的基础上，首先要彻底销毁病残体和涂药保护伤口，其次还要用药剂处理树穴。保护伤口可用1%硫酸铜溶液或40%福美胂可湿性粉剂50～100倍液；处理树穴可用70%五氯硝基苯每株100～200 g或用50%代森铵水剂500倍液每株20 kg左右浇灌。

3. 及时桥接　促进树势恢复。

苹果根癌病

症状

根癌病主要发生在根颈部，也可发生在侧根、支根上。根癌病的主要症状特点是在发病部位形成肿瘤（图 8、图 9）。肿瘤大小差异很大，小如核桃，大到直径数十厘米。病树根系发育不良，地上部生长衰弱。

病原

癌肿野杆菌［*Agrobacterium tumefaciens* (Smith et Towns.) Conn.］，属于细菌。该细菌寄主范围非常广泛，可为害 59 科 142 属的 300 余种植物，其中绝大多数为林木及果树。

发病规律

该细菌以菌体在病组织的皮层内及土壤中越冬，在土壤中可存活 1 年以上，雨水和灌溉水是传病的主要媒介，远距离传播主要靠病苗调运。病菌通过伤口侵入，尤以嫁接伤口最为严重。细菌侵入后，将其致病因子 Ti 质粒传给寄主细胞，使之成为不断分裂的转化细胞，逐渐形成肿瘤。即使病组织中不再有病菌存在，仍可形成癌肿。碱性土壤有利于病害发生，嫁接口越低发病可能性越大。

防治方法

1. 培育无病苗木　不用老苗圃、老果园，尤其是发生过根癌病的地块作苗圃；嫁接提倡芽接法，尽量不用切接和劈接，并使嫁接口高出地面，避免嫁接口接触土壤；碱性土壤育苗时，应适当施用酸性肥料或增施有机肥，降低土壤酸碱度；注意防治地下害虫，避免造成伤口。

2. 苗木检验与消毒　苗木调运或栽植前要进行检查，发现病苗必须淘汰并销毁；表面无病的苗木也应进行消毒处理，一般用1%硫酸铜溶液浸 5 min 后，再用 2%石灰水浸 1 min 即可。

3. 病树治疗　定植后的树上发现病瘤，首先要彻底刮除，然后用 1%硫酸铜溶液消毒伤口，再外涂波尔多浆保护，或用 400 单位链霉素消毒伤口，再外加凡士林保护。刮下的病组织必须彻底清理并及时烧毁。

苹果毛根病

症状

毛根病主要为害根部，病根上形成成丛的毛发状细根是该病的典型特征。有时细根密集，使病根呈“刷子”状（图 10）。由于根部发育受阻，病树生长衰弱，但一般不易造成死树。

病原

发根野杆菌［*Agrobacterium rhizogenes*（Riker et al.）Conn.］，属于细菌。

发病规律

病菌在寄主根部和土壤中越冬，土壤中越冬的病菌可存活 1 年以上。近距离传播主要靠雨水及灌溉水的流动，土壤昆虫及线虫也有一定作用，但传播距离有限；远距离传播主要通过病苗的调运。病菌从伤口侵入根部，在根皮内繁殖，并产生吲哚物质刺激根部，形成毛根。碱性土壤病重，土壤高湿有利于病菌侵染。

防治方法

1. *加强苗圃管理，培育无病苗木*　不用老苗圃、老果园，尤其是发生过毛根病的地块作苗圃；在碱性地内育苗时，应增施有机肥或酸性肥料，降低土壤 pH 值；雨季注意及时排水，防止土壤过度积水。

2. *苗木检验与消毒*　苗木调运或栽植前要进行检验，发现病苗必须淘汰并销毁，表面无病的苗木还要进行消毒处理，一般先用 1%硫酸铜溶液浸根 5 min 后再用 2%石灰水浸根 1 min 即可。

3. *病树治疗*　发现病树后，先将病根彻底刮除，并将刮下病根收集销毁；然后伤口涂石硫合剂渣或农用链霉素保护，严重地块或果园，还可用 100 单位农用链霉素或 65%代森锌可湿性粉剂 500 倍液浇灌苹果根际土壤，进行土壤消毒。

苹果根结线虫病

症状

根结线虫病主要为害根，在细根上形成许多瘤，肿大，似火柴头或米粒大小，瘤上可产生细根，形成须根团。病根发生新根能力锐减，变细变硬，严重的丧失发新根能力而干枯（图 11）。地上部起初无明显表现，严重时树势衰弱，结果小而少，新梢生长受抑等。

病原

主要为苹果根结线虫（*Meloidogyne mali* Ito，Ohshima et Ichinohe），属于线虫类。

发病规律

苹果根结线虫主要以卵或 2 龄幼虫在土壤及根瘤中越冬，翌年新根开始活动后进行为害，幼虫从根的先端侵入，在根内生长发育，导致形成肿瘤。线虫多数在土壤耕作层内活动，远距离传播主要通过病苗的调运。

防治方法

1. 培育和利用无病苗木　加强病苗检疫，发现病苗，彻底销毁。

2. 对病弱树及时检查，发现病树及时治疗　对成年病树于 2～3 月初每株用 80%二溴氯丙烷 40～60 ml 对水 10～15 kg，在树冠下每隔 30 cm 打一深 15 cm 的穴，然后分别均匀灌药，并覆土踏实；或用 5%涕灭威颗粒剂每株用 200～400 g 于穴中用药，而后灌水覆土。

实生苗立枯病

症状

苗立枯病主要为害实生苗的根颈部。幼苗出土后，根颈部变褐，呈水渍状；后病斑环缢根颈，导致皮层腐烂，病部缢缩，病苗萎蔫，甚至死亡，但呈不倒状（图 12）。

病原

立枯丝核菌（*Rhizoctonia solani* Kühn），属于半知菌亚门真菌。该菌寄主范围十分广泛，可为害苹果、梨、桃、葡萄、海棠等 200 多种植物。

发病规律

病菌以菌丝或菌核在土壤或病残组织中越冬，多分布在6 cm左右的表土层中，在土壤中可存活2～3年。菌丝能直接侵入寄主，病菌通过水流或农具传播。未出土或刚出土的嫩苗易受害，苗茎木质化后不易受害。潮湿、低温、土壤板结发病重。

防治方法

1. 合理选择苗圃地　尽量选择前作为小麦、玉米等禾本科的地块，不要用棉花、蔬菜及旧苗圃地，育苗地应背风向阳，排水方便，不能低洼潮湿。

2. 加强苗圃管理　注意提高土温，及时排除积水。苗圃土壤带菌量较大时，应进行土壤药剂处理。用40%五氯硝基苯可湿性粉剂与50%福美双可湿性粉剂1∶1混合，或用80%炭疽福美可湿性粉剂，每平方米施药8～10 g，加细土4.0～4.5 kg拌匀，播前用1/3药土覆盖苗床，播后用2/3药土覆盖种子，即“下铺上盖”法，有效期达1月余。

3. 初期药物防治　发病初期，及时用50%多菌灵可湿性粉剂800倍液或70%甲基托布津可湿性粉剂1 000倍液喷雾或浇灌，防止病害蔓延。

实生苗茎枯病

症状

苗茎枯病主要侵害近地面的茎部，病斑暗褐色，稍凹陷，后期产生小黑点。潮湿时茎基皮层腐烂，可致苗木枯死；较干燥时形成局部病斑，导致苗木衰弱（图 13）。

病原

茎点菌（*Phoma* sp.），属于半知菌亚门真菌。

发病规律

病菌以菌丝体或分生孢子器在病残体或田间病株上越冬，借风雨或流水传播，主要从伤口侵入，低温潮湿可以加重病害发生。

防治方法

详见“实生苗立枯病”。

苹果树腐烂病

症状

腐烂病主要为害主干、主枝，也可为害侧枝、辅养枝及小枝，严重时还可侵害果实。枝干受害，其症状表现分为溃疡型和枝枯型两种。

溃疡型：发生在主干、主枝等较粗大的枝干上，以枝、干分杈处发病较多。初期，病斑红褐色，微隆起，水渍状，组织松软（图 14），用手指按压则下陷，并可流出褐色汁液，病斑椭圆形或不规则形，有时呈深浅相间的不明显轮纹状；剥开病皮，整个皮层组织呈鲜红褐色腐烂（图 15），并有浓烈的酒糟味。病斑出现7～10天后，病部开始失水干缩，表面凹陷，变为黑褐色，有时边缘开裂（图 14），酒糟味变淡。约半个月后，撕开病斑表皮，可见皮下聚有白色菌丝层及墨绿色小点（图 16）；后期，小点顶端突破表皮，呈小黑点状，此小黑点为病菌子座，较大而稀（图 17）。潮湿条件下，从小黑点顶端常溢出橘黄色卷曲的丝状物（孢子角）——“冒黄丝”（图 18）。当病斑绕枝干一周时，造成整个枝干枯死；严重时，导致死树甚至毁园（图 19）。

枝枯型：发生在较细的枝条上，常造成枝条枯死。枝枯型病斑扩展快，形状不规则，皮层腐烂迅速绕枝一周，导致枝条枯死，形成枯枝（图 20）。有时枝枯病斑的栓皮易剥离（图 21），后期，病斑表面也可产生小黑点，并冒出黄丝。

果实受害，多为果枝发病后病菌沿果柄扩展到果实上所致。病斑红褐色，圆形或不规则形，常有同心轮纹，边缘清晰，病组织软烂，略带酒糟味（图 22）。后期，病斑上也可产生小黑点及冒出黄丝，但较少见。

综上所述，苹果树腐烂病的主要症状特点为：皮层腐烂，腐烂皮层有酒糟味，后期病斑表面产生小黑点，潮湿条件下小黑点上可冒出黄色丝状物。

病原

苹果黑腐皮壳（*Valsa mali* Miyabe et Yamada），属于子囊菌亚门真菌。其无性阶段为壳囊孢（*Cytospora* sp.），属于半知菌亚门。

发病规律

苹果树腐烂病菌主要以菌丝、子座及孢子角在田间病株及病残体上越冬，病菌主要通过风雨传播，从各种伤口侵染为害，尤以带有死亡或衰弱组织的伤口易受侵害，如剪口、锯口、虫伤、冻伤、日灼伤及愈合不良的伤口等。病菌侵染后，当树势强壮时处于潜伏状态，病菌在无病枝干上潜伏的主要场所有落皮层、干枯的剪口、干枯的锯口、愈合不良的各种伤口、僵芽周围及虫伤、冻伤、枝干夹角等带有死亡或衰弱组织的部位。当枝干抗病力降低时，潜伏病菌开始扩展为害，形成病斑。

果园内，苹果树腐烂病的发生每年有两个明显的高峰期，即“春季高峰”和“秋季高峰”。春季高峰出现在发芽前后，是最适宜腐烂病发展的阶段，该期内病斑扩展迅速，病组织比较软，病斑典型，病斑扩展量占全年的70%～80%，新出现病斑数占全年新病斑总数的60%～70%。秋季高峰出现在果实迅速生长及花芽分化期，与春季高峰期相比秋季高峰较为次要，该期内新病斑出现数占全年的20%～30%，病斑扩展量占全年的10%～20%，但秋季高峰是病菌侵染落皮层的重要时期。

腐烂病的发生轻重主要与6个方面因素有关：

(1) 树势。树势衰弱是诱发腐烂病发生的最重要因素之一。如正常情况下幼树发病轻、老树发病重，大年后病重、小年后病轻，局部增温和局部营养恶化导致出现春季高峰，早期落叶后第二年病重，冻害后病重等。所以说，一切可以削弱树势的因素均可加重腐烂病的发生。

(2) 落皮层。落皮层是病菌潜伏的主要场所，是造成枝干发病的重要桥梁。据调查，8月中旬以后枝干上出现的新病斑或坏死斑点有80%以上来自落皮层侵染，尤其是粘连于皮层的落皮层。

(3) 伤口。伤口越多，发病越重。带有死亡或衰弱组织的伤口最易感染腐烂病。如干缩的剪口、干缩的锯口、冻害伤口、落皮伤口、药害伤口、老病斑伤口等，尤以冻害造成的伤口最易感染腐烂病。

(4) 潜伏侵染。潜伏侵染是腐烂病的一个重要特征，这些潜伏病菌在树势衰弱时，就会迅速扩展为害，导致腐烂病突然暴发。

(5) 木质部带菌。病斑下木质部及病斑皮层边缘外木质部的一定范围内均带有腐烂病菌，这是导致病斑复发的主要原因。

(6) 树体含水量。秋后初冬树体含水量高时，易发生冻害，可加重第二年腐烂病的发生，但生长季节树体含水量高又可抑制腐烂病斑的扩展，减轻病害发生。

防治方法

1. 加强栽培管理，提高树体的抗病能力　这是防治腐烂病的最基本措施。主要从4个方面考虑：

(1) 合理结果量。合理疏花疏果，根据树龄、树势、土壤肥力及施肥水平等因素来调整结果量，以控制树体没有明显大小年现象为宜。

(2) 合理施肥。根据果树生长需要，按比例施用氮、磷、钾、钙等肥料；增施有机肥及农家肥，避免偏施氮肥。据研究，如果在秋梢基本停止生长后于树上喷施两次200～300倍的尿素和磷酸二氢钾，可增加树体的营养积累，减轻春季高峰70%～80%。

(3) 合理灌水。秋后控制浇水，减少冻害发生；春季及时灌水，控制春季高峰的为害：即做到“秋控、春灌”。

(4) 保叶促根。注意造成早期落叶的病虫害防治，使树体有一个良好的“营养制造工厂”；及时防治根病为害，使树体有一个发达的吸收根系。

2. 铲除树体带菌　主要是消灭树体潜伏病菌，常用有两种方法：

(1) 重刮皮。一般在5至7月份进行，这时树体营养充分，刮皮后伤口愈合快；若冬春不太寒冷不易发生冻害的地区，春秋两季也可刮除。但是，重刮皮有削弱树势的作用，水肥条件好、树势旺盛的果园比较适合，弱树不能进行。另外，刮皮前后要增施肥水，补充树体营养。刮皮方法：用锋利的刮皮刀将主干、主枝、大辅养枝及大侧枝表面的粗皮刮干净，刮到露出新鲜组织，即树干“黄一块、绿一块”的程度，但千万不要露白（木质部），一般为0.5～1 mm厚。若遇到坏死斑要彻底刮除，不管黄、绿、白。注意，刮后不要涂药，尤其不要使用高浓度药剂，以免发生药害。

（2）药剂铲除。一般为两次用药，即落叶后和发芽前。轻病园，只1次药即可，一般落叶后较发芽前效果好。常用有效药剂如40%福美胂可湿性粉剂100倍液加助杀或害立平1 000倍液。

3. 病斑治疗　病斑治疗是避免死枝、死树的主要措施，常用治疗方法有下列3种。

（1）刮治。最好时间为春季高峰期，此时病斑既软又明显，易于操作，但对于一个果园来说应为长年治疗，即及时发现及时治疗，要治小病斑。方法：用快刀将病变皮层彻底刮掉，且边缘还要刮去1 cm好组织。要求：①刮彻底；②刀口要光滑，不留毛茬，不拐急弯；③刀口上面和侧面边缘呈直茬，下面边缘呈斜茬；④刮除的病组织要集中销毁；⑤刮后涂药，药剂边缘应超出病斑边缘1.5～2 cm；⑥涂药后10～15天再涂1次。常用有效药剂如：病伤一抹灵，40%福美胂可湿性粉剂100倍液，1.5%～2%腐植酸钠液，F843康复剂原液，托福油膏（70%甲基托布津：40%福美胂：植物油=1：1：5～8），腐必清2～5倍液，25%高效灭腐灵20～50倍液，9281 3～5倍液等。

（2）割治。即用切割病斑的方法进行治疗，治疗时间与刮治相同。方法：先削去病斑周围表皮，找到病斑边缘，而后用刀沿边缘外1 cm处划一深达木质部的闭合刀口，然后在病斑上纵向切割，间距1 cm左右。切割病斑后涂药，但必须涂抹渗透性或内吸性较强的药剂，且药剂边缘同样应超出闭合刀口边缘1.5～2 cm。效果较好的药剂如托福油膏、F843康复剂、9281等。

（3）包泥。在树下取土和泥，然后在病斑上涂3～5 cm一层，并超出病斑外缘4～5 cm；最后用塑料布包扎并用绳捆紧。一般3～4个月后就可治好，治愈率达95%以上。技术关键：泥要黏，包要严。

4. 及时桥接　病斑治疗后及时桥接或脚接（图23），促进树势恢复。

5. 树干涂白　冬前树干涂白，防止发生冻害，降低春季树体局部增温效应。据测定，树干涂白后降温效果为：南面降 9℃，西面降 7.5℃，东面降 3.8℃，北面降 1℃，防治春季高峰的效果达 65%～70%。效果较好的涂白剂配方为：桐油或酚醛：水玻璃：白土：水=1：2～3：2～3：5，先将前两种配成Ⅰ液，再将后两种配成Ⅱ液，然后将Ⅱ液倒入Ⅰ液中，边倒边搅拌，混合均匀即成。

苹果干腐病

症状

干腐病主要为害枝干和果实。枝干受害，其症状表现有溃疡型、条斑型及枝枯型等 3 种类型。①溃疡型：多发生在主干、主枝及侧枝上，初期病斑暗褐色，较湿润，常有褐色汁液溢出，俗称“冒油”；后期，病斑失水，干缩凹陷，栓皮组织常呈“油皮”状翘起，病斑表面产生裂缝，多呈不规则形（图 24）。病斑一般较浅，但严重时可以连片。②条斑型：主干、主枝、侧枝及小枝上均可发生，其主要特点是在枝干表面形成长条形病斑。病斑初暗褐色，后边缘开裂，病斑凹陷，表面常密生许多小黑点，病斑干缩后表面产生纵横裂纹。病斑常将皮层烂透，深达木质部。③枝枯型：多发生在小枝上，病斑发展迅速，常围枝一周，造成枝条枯死，形成枯枝。后期枯枝表面密生许多小黑点，多雨潮湿时小黑点上可溢出大量灰白色黏液（图 25）。

果实受害，呈轮纹状腐烂，即果实轮纹病。详见“苹果轮纹烂果病”。

病原

贝伦格葡萄座腔菌（*Botryosphaeria berengeriana* de Not.），

属于子囊菌亚门真菌。

发病规律

病菌以分生孢子器及子囊腔在枝干病斑及枯死枝上越冬，翌年产生孢子进行侵染，病菌孢子主要靠风雨传播，主要从伤口侵入，也可从皮孔侵入。弱树、弱枝受害重；干旱果园及干旱季节发病较重。管理粗放，地势低洼，土壤瘠薄，肥水不足，偏施氮肥，结果过多，伤口较多等均可加重该病为害。

防治方法

1. *加强栽培管理*　增施有机肥，合理使用氮肥，干旱季节及时灌水，多雨季节注意排水，注意保护伤口，增强树势，提高树体抗病能力。结合修剪，剪除枯死枝。

2. *喷药保护*　大树可在发芽前喷 1 次 40%福美胂可湿性粉剂 100 倍液加助杀 1 000 倍液，或 3～5°Be 石硫合剂等，保护枝干。五六月份，结合其它病害防治，再喷药两次。

3. *病斑治疗*　主干、主枝病斑及时治疗，具体方法参见“苹果树腐烂病”。

苹果枝干轮纹病

症状

枝干轮纹病主要为害枝干，还可严重为害果实。枝干受害，初期以皮孔为中心形成瘤状突起，并在突起周围形成一近圆形的坏死斑（图 26），秋后病斑周围开裂呈沟状，边缘翘起呈马鞍形（图

27)；第二年病斑上产生稀疏的小黑点（图 28），同时病斑继续向外扩展，在环状沟外又形成一圈环形坏死组织，秋后该坏死环外又开裂、翘起……。这样，病斑连年扩展，形成轮纹状病斑。枝干上病斑多时，导致树皮粗糙，故又称“粗皮病”（图 28）。轮纹病斑一般较浅（图 29），但在弱树及弱枝上，有时亦可深达形成层甚至木质部，造成树势衰弱或枝干枯死。

侵害果实，形成轮纹状果实腐烂。详见“苹果轮纹烂果病”。

病原

贝伦格葡萄座腔菌梨生专化型［*Botryosphaeria berengeriana* de Not. f. sp. *piricola* (Nose) Koganezawa et Sakuma］，属于子囊菌亚门真菌。

发病规律

病菌主要以菌丝体及分生孢子器在枝干病斑中越冬，病菌孢子主要靠风雨传播，主要从皮孔侵入。老、弱树及弱枝发病重，枝干环剥可以加重该病发生。

防治方法

1. *加强栽培管理*　增施有机肥，合理灌水，合理结果，尽量少环剥，增强树势，提高树体抗病能力。

2. *病斑治疗及预防*　发芽前及时刮除主干、主枝病斑，而后涂抹甲基托布津油膏（70%甲基托布津可湿性粉剂：植物油=1：15～20）。注意：刮除轮纹病斑时应轻刮，只把表面硬皮刮破即可。侧枝、小枝病斑较多时，刮治主干、主枝后还应在发芽前全树喷药，以选用 35%轮纹病铲除剂 100～200 倍液加助杀1 000倍液效果较好。

苹果木腐病

症状

木腐病主要为害老树及弱树的主干、主枝，造成病树木质部腐朽，手捏易碎，刮大风时，容易从病部折断。后期，从伤口处产生病菌子实体，子实体多为膏药状、马蹄状（图 30）、扇状（图 31）等，灰白色至灰褐色。

病原

主要为截孢层孔菌[*Fomes truncatospora*（Lloyd）Teng]和裂褶菌（*Schizophyllum commune* Fr.），均属于担子菌亚门。

发病规律

病菌以多年生菌丝体和子实体在病树上越冬，翌年枝干内的菌丝体继续扩展为害。树上子实体产生大量担孢子，借风雨或气流传播，从伤口侵入为害，尤以长期不能愈合的锯口为主（图 31）。老树、弱树受害较重。

防治方法

1. 避免及保护伤口　注意蛀干害虫的防治，避免造成虫伤。剪口、锯口等机械伤口及时涂药保护，促进伤口愈合，防止病菌侵染。常用伤口保护剂如病伤一抹灵原液、F843 康复剂原液等。

2. 加强栽培管理　以有机肥为主，增施磷、钾肥，合理调整结果量，培育壮树，提高树体抗病能力。

3. 及时刮除子实体　病树伤口处长出的子实体要及时彻底刮除，并集中烧毁，然后在伤口处涂药保护，如 1%硫酸铜溶液、病伤一抹灵、F843康复剂等。

苹果银叶病

症状

苹果银叶病主要在叶片上表现明显症状，典型特征是叶片呈银灰色，并有光泽（图32）。该病主要为害木质部，典型表现是木质部变褐，较干燥，有腥味，但组织不腐烂。病菌侵入枝干后，在木质部内生长蔓延并产生毒素，毒素随导管系统输送到叶片，使叶片表皮与叶肉分离，空隙中充满空气，在阳光下呈现灰色并略带银白光泽，故称为“银叶病”。在同一株树上，往往先从一个枝上表现症状，以后逐渐蔓延，最后扩展到全树，使全树叶片均表现银叶。银叶症状秋季较明显，病叶上常出现不规则褐色斑块，用手指搓捻，病叶表皮易碎裂、卷曲，脱离叶肉。

病原

紫软韧革菌［*Chondrostereum purpureum*（Pers. et Fr.）Pouzar］，属于担子菌亚门真菌。该菌除为害苹果外，还可侵害桃、梨、杏、枣等果树。

发病规律

病菌主要以菌丝体在病枝干的木质部内越冬，也可以子实体在病树表面越冬。阴雨连绵时，病死枝干表面产生覆瓦状子实体及担孢子，担孢子借风力或雨水传播，从剪口、锯口、破裂口或其它机械伤口侵入。侵入后菌丝在木质部中生长蔓延，上下扩展，直至全株。

春、秋两季，树体内富含营养物时有利于病菌侵染。树体表面机械伤口多，利于病菌侵入。果园土壤黏重，树势衰弱，可加重病害发生。

防治方法

1. 加强果园管理　增施有机肥及农家肥，注意及时排水，培育壮树，提高树体抗病能力。

2. 搞好果园卫生　及时铲除重病树及病死树，并彻底刨净病树根，除掉根蘖苗。轻病树及时锯除病枝，直至木质部颜色正常为止，并涂药保护伤口。发现子实体，彻底刮掉，并涂药进行伤口消毒，常用有效药剂如石硫合剂、硫酸-8-羟基喹啉等。

3. 防止及保护伤口　及时涂药保护各种修剪伤口，合理结果，避免枝干劈裂，有效药剂如病伤一抹灵、F843 等。

4. 轻病树治疗　轻病树可用树干埋藏硫酸-8-羟基喹啉进行治疗，方法是：在病枝基部用直径 15 mm 的钻孔器钻成深 30 mm 左右的孔，每孔塞入 1 g 药后用软木或接蜡封闭孔口。用药点多少视病情轻重及枝干大小而定。在树体水分上升时期内均可埋药，但越早越好。

苹果褐斑病

症状

褐斑病主要为害叶片，有时也可为害果实。叶片发病后的主要症状特点是：病斑中部褐色，边缘绿色，外围变黄，病斑上产生许多小黑点，病叶极易脱落。若仔细观察，褐斑病症状可分为 3 种类型。①针芒型：病斑小，数量多，病斑上的小黑点，呈针芒状向四周放射，没有明显边缘（图 33）；②同心轮纹型：病斑大，圆形或近圆形，边缘明显，病斑上的小黑点排列成同心轮纹状（图 34）；③混合型：病斑很大，近圆形或不规则形，外围呈针芒放射状向外扩散，中部产生小黑点，但无明显同心轮纹（图 35）。

果实多在近成熟期受害，病斑圆形、褐色，直径 6～12 mm，中部凹陷，上生小黑点。仅果实表皮及浅层果肉受害，病果肉呈褐色海绵状干腐（图 36）。

病原

苹果盘二孢[*Marssonina coronaria*(Ell. et Davis) Davis.]，属于半知菌亚门真菌。

发病规律

病菌以菌丝体在病落叶中越冬，第二年产生分生孢子，借风雨进行传播，直接侵入叶片为害。病害潜育期 6～10 天，有多次再侵染。该病的发生轻重主要取决于降雨，尤其是五六月份的降雨情况，雨多、雨早病重，干旱年份病轻。另外，弱树、弱枝病重，壮树病轻；树冠郁蔽病重，通风透光病轻。

防治方法

1. 搞好果园卫生　落叶后至发芽前，先树上、后树下彻底清理落叶，集中烧毁或深埋，而后翻耕果园土壤，掩埋残余碎叶，促使病叶腐烂分解。

2. 加强果园管理　增施肥水，合理安排结果量，促使树势健壮，提高树体抗病能力。合理修剪，使树体及果园通风透光，降低园内湿度，控制病害发生。

3. 药剂防治　药剂防治的关键是首次用药时间，应掌握在历年发病前 10 天左右开始喷药。河北省中部地区，一般从 6 月初开始喷药，10天左右一次，应连喷4～6次，并尽量在雨前喷药。常用有效药剂有：80%大生M-45可湿性粉剂800～1 000倍液，70%甲基托布津可湿性粉剂或25%强力甲基托布津乳油1 000倍液，50%多菌灵可湿性粉剂或25%强力多菌灵乳油800～1 000倍液及1∶2～3∶200～240倍波尔多液等。

苹果斑点落叶病

症状

斑点落叶病主要为害叶片，也可为害一年生枝和果实。叶片受害，主要发生在嫩叶阶段，初期形成褐色圆形病斑，直径2～3 mm（图37）；后病斑逐渐扩大，形成5～8 mm的红褐色病斑，边缘紫褐色，有时病斑具不明显同心轮纹（图38），有时病斑连合，形成不规则形大斑。天气潮湿时，病斑表面可产生墨绿色至黑色霉状物。叶片病斑多时，常造成早期落叶（图39）。

果实受害，形成褐色至黑褐色圆形病斑，凹陷，直径多为2～3 mm。枝条受害，形成灰褐色至褐色病斑，凹陷坏死，直径2～6 mm，边缘开裂。

病原

细链格孢苹果专化型（*Alternaria alternata*（Fr.）Kiessl. f. sp. *mali*），属于半知菌亚门真菌。

发病规律

病菌以菌丝体在落叶及枝条上越冬，翌年产生分生孢子，随气流及风雨传播，直接侵入叶片为害。该病潜育期很短，一般为24～

48 h。该病1年中有2个为害高峰，分别为春梢期和秋梢期。

斑点落叶病的发生轻重与降雨及品种关系密切。高温多雨时易于病害发生，春季干旱年份，病害始发期推迟，夏季降雨多发病严重。元帅系品种易感病，富士等发病较轻。另外，树势衰弱、通风透光不良、地势低洼及沿海地区等均易发病。

防治方法

1. 加强栽培管理　合理修剪，及时剪除徒长枝，使树冠通风透光；合理施肥，增强树势，提高树体抗病能力。

2. 药剂防治　关键要抓住两个发病高峰：春梢期从落花后即开始喷药，10天1次，连喷3次左右；秋梢期根据具体情况，一般需喷药1至2次。常用有效药剂有：80%大生M-45可湿性粉剂800～1 000倍液，50%扑海因可湿性粉剂1 000～1 500倍液，10%宝丽安可湿性粉剂1 000～1 500倍液及1.5%多抗霉素可湿性粉剂300～400倍液等。

苹果轮斑病

症状

轮斑病主要为害叶片，尤以老叶受害较多。初期，病斑为褐色至黑褐色圆形小斑点，扩大后呈近圆形，表面具有明显同心轮纹，病斑较大，直径5～15 mm。潮湿条件下，病斑表面产生黑色霉状物（图40）。

病原

苹果链格孢（*Alternaria mali* Roberts），属于半知菌亚门真菌。

发病规律

病菌以菌丝或分生孢子在落叶上越冬,翌春产生分生孢子,借风雨及气流传播，直接侵入叶片为害。连阴雨天病害发生严重。

防治方法

参见“苹果斑点落叶病”。

苹果白粉病

症状

白粉病主要为害叶片，发病后的主要症状特点是在病部表面布满白色粉状物。新梢发病由病芽萌发而成，病梢叶片表面布满白粉状物（图 41)，病梢节间短，叶片狭长，叶缘卷曲，质硬而脆；后期，新梢停止生长，叶片逐渐变褐枯死（图 42)，甚至脱落，形成干橛。适宜条件下，秋季病干橛表面可产生许多黑色毛刺状物。嫩叶受害，表面产生白色粉斑，严重时病叶皱缩扭曲。

花器亦可受害，花瓣细长，花萼、花梗畸形，多不能结果。

病原

白叉丝单囊壳［*Podosphaera leucotricha*（Ell. et Ev.）Salm.］，属于子囊菌亚门真菌。

发病规律

病菌主要以菌丝体在病芽内越冬，第二年，病芽萌发形成病梢，产生大量分生孢子，成为初侵染来源。病菌借气流传播，从

气孔侵入幼叶 、幼果为害。病菌主要侵害幼嫩叶片，1 年有两个发病高峰，与新梢生长期相吻合，但以春梢生长期发病较重。

白粉病菌喜湿怕水，在干旱年份的潮湿环境中发生较重。

防治方法

1. 及时剪除病梢　在发病严重的果园，开花前后及时彻底剪除病梢，集中深埋或销毁。

2. 药剂防治　一般果园在萌芽后开花前及落花后各喷 1 次药即可控制该病为害。常用有效药剂有：62.25％仙生可湿性粉剂 600 倍液，15％三唑酮可湿性粉剂 1 500～2 000 倍液，12.5％烯唑醇可湿性粉剂 2 000～2 500 倍液及 40％信生可湿性粉剂 6 000～8 000 倍液等。

苹果锈病

症状

锈病主要为害叶片，也可为害果实等绿色幼嫩组织。发病后的主要症状特点是：病部橙黄色，组织肥厚肿胀，病部初生黄色小点，后渐变为黑色，后期病斑上产生黄褐色的长毛状物。

叶片受害，初期叶正面产生有光泽的橙黄色小斑点，稍后形成近圆形的橙黄色肿胀病斑，边缘有黄绿色晕圈，病斑表面密生针头大小的初鲜黄色、渐变黄褐色的小粒点，点内可溢出黄褐色粘液；再后，病部继续肿胀，小粒点渐变为黑色，且病斑正面开始下陷，背面开始隆起（图 43）；最后，病斑背面丛生许多淡黄褐色长毛状物（图 44）。叶上病斑多时，叶片变黄早落。

果实受害，症状表现及发展过程与叶片相似，只是后期在小黑点旁边产生黄褐色长毛状物（图 45）。

新梢、果柄、叶柄也可受害，症状表现与果实相似。

病原

山田胶锈菌（*Gymnosporangium yamadal* Miyabe），属于担子菌亚门真菌。病菌具有转主寄生现象，其转主寄主主要为桧柏。

发病规律

病菌以菌丝体或冬孢子角在转主寄主桧柏上越冬。翌春，高湿条件下冬孢子萌发，产生担孢子，担孢子经气流传播到苹果幼嫩组织上，从气孔侵染为害。苹果发病后，先产生性孢子、再产生锈孢子，锈孢子经气流传播侵染桧柏，并在桧柏上越冬，所以该病没有再侵染。

锈病的发生与否及发生轻重与桧柏远近及多少关系密切，若苹果园周围 5 km 内没有桧柏，则不会发生锈病。在有桧柏的前提下，苹果开花前后降雨情况是影响病害发生的决定因素。

防治方法

1. 消灭或减少初侵染来源　砍除果园周围 5 km 内的桧柏，可基本防止病害发生。在风景绿化区，不能砍除桧柏时，可在春雨前修剪桧柏，彻底剪除冬孢子角；也可在桧柏上喷药杀死越冬病菌，有效药剂如 3～5°Be 石硫合剂，或 75%五氯酚钠可湿性粉剂 350 倍液与 1°Be 石硫合剂的混合液等。

2. 喷药保护苹果　在不宜处理越冬病菌的果园或地区，可喷药防止病菌侵染。只要掌握适宜的喷药时期，一般两三次药即可完全防治该病。首次药在展叶后开花前进行，10～15 天后再喷一两次。有效药剂如 80%大生 M-45 可湿性粉剂 800～1 000 倍液，62.25%仙生可湿性粉剂 600 倍液，15%三唑酮可湿性粉剂

1 500～2 000倍液及 70%甲基托布津可湿性粉剂 1 000～1 200倍液等。

苹果黑星病

症状

黑星病主要为害叶片和果实，发病后的主要症状特点是在病斑表面产生墨绿色至黑色霉状物。叶片受害，正、反两面均可出现病斑，病斑初为淡褐色，逐渐变为黑色，表面产生平绒状黑色霉层，圆形或放射状，直径 3～6 mm。后期，病斑向上凸起，中央变灰色或灰黑色（图 46）。果实受害，多发生在肩部或胴部，初为黄绿色，渐变为黑褐色至黑色，圆形或椭圆形，表面有黑色霉层（图 47）。严重时，病部凹陷龟裂，病果变为凹凸不平的畸形果（图48）。

病原

苹果黑星病菌［（*Venturia inaequalis*（Cke.）Wint.］，属于子囊菌亚门真菌。

发病规律

苹果黑星病菌主要以未成熟的假囊壳在落叶中越冬，第二年春子囊孢子成熟，雨后放出，经气流传播，侵染幼叶、幼果。苹果生长期发病后，病斑上产生的分生孢子，经风雨传播，进行再侵染。

果实受害，从膨大期开始发病，膨大后期发病最重，成熟期发病较轻。降雨早、降雨量大的年份发病早且重，特别是五六月份的降雨量，是决定病害发生轻重的重要因素。苹果品种间感病差异明显，主要以小苹果类品种受害严重。

防治方法

1. *加强检疫* 严禁从疫区调运接穗及苗木，防止黑星病区蔓延扩大。

2. *搞好果园卫生* 落叶后至发芽前，彻底清扫落叶，集中深埋或烧毁，避免病菌在其上越冬。不宜清扫落叶的果园，初春在子囊孢子成熟飞散前，用10%硫酸铵溶液或5%尿素溶液喷洒地面落叶，杀死叶中越冬病菌。

3. *生长期药剂防治* 从落花后至春梢停止生长期，根据降雨情况进行喷药。10～15 天 1 次，连喷三四次。雨前喷药效果最好，但必须选用耐雨水冲刷药剂。前期可选用的药剂有：80%大生 M-45 可湿性粉剂 800～1 000 倍液，62.25%仙生可湿性粉剂 600 倍液，12.5%特谱唑可湿性粉剂 2 000～2 500 倍液，12.5%腈菌唑乳油 3 000倍液及 40%仙生可湿性粉剂或 40%福星乳油 8 000～10 000 倍液等；后期除前期有效药剂可选用外，还可选用 1：2～3：200～240 倍波尔多液，70%代森锰锌可湿性粉剂 800～1 000 倍液等。

苹果白星病

症状

白星病主要为害叶片，多在秋季发生。病斑圆形或近圆形，灰白色，稍凹陷，直径 2～3 mm，有较细的褐色边缘，病斑表面稍发亮，后期病斑上可散生许多小黑点（图 49）。病叶上常产生几个病斑，但一般为害不重。

病原

梨盾壳霉[*Coniothyrium pirinum* (Sacc.) Sched.],属于半知菌亚门真菌。

发病规律

病菌以菌丝体或分生孢子器在落叶上越冬，第二年产生分生孢子借风雨传播，主要从伤口侵入叶片为害。地势低洼、土质黏重、排水不良的果园易发病，衰弱树发病重。

防治方法

1. 加强栽培管理　低洼果园注意及时排水；合理修剪，增强树体通透性；增施有机肥，提高树势。

2. 搞好果园卫生　落叶后发芽前，彻底清除树上、树下的病残叶及落叶，集中销毁。

3. 适当药剂防治　从发病初期开始喷药，10～15 天 1 次，连喷 2 次左右。常用有效药剂有：80%大生 M-45 可湿性粉剂 800～1 000 倍液，70%甲基托布津可湿性粉剂 1 000～1 200 倍液，50%多菌灵可湿性粉剂或 25%强力多菌灵乳油 800～1 000 倍液，25%苯菌灵乳油 600～800 倍液及 1：2～3：200～240 倍波尔多液等。

多数果园极少严重发病，一般不需单独防治。

苹果叶斑病

症状

叶斑病目前仅知为害叶片。叶片发病，从叶缘或叶中开始发生，初产生褐色斑点，渐发展成为半圆或近圆形病斑，具不明显同心轮纹；病斑较大，直径达 2～3 cm；后期病斑表面可产生数个微型长柄伞状病原物结构（图 50）。

病原及发生规律

叶斑病由一种担子菌亚门真菌引起，多从 8 月份开始发病，多雨潮湿、树势衰弱可加重该病发生，但很少导致叶片脱落。

防治方法

该病多为零星发生，一般不需单独防治。发病严重的果园，在搞好果园卫生的基础上，参照“苹果褐斑病”药剂防治即可。

苹果花腐病

症状

花腐病主要为害叶片和幼果，花与嫩枝也可受害。叶片受害，展叶后 2～3 天即可发病，初在叶尖、叶缘或中脉两侧产生红褐色病斑（图 51），扩展后可达叶柄。后期病叶腐烂，凋萎下垂。雨后或高湿条件下，病部产生大量灰白色霉状物。花蕾受害，导致花呈黄褐色枯萎，花柄发病后花朵萎蔫下垂；后期病组织表面产生灰白色霉层（图 52）。幼果受害，病菌从柱头侵入，通过花粉管进入胚囊，再经子房壁到达表面。当果实长到豆粒大时，果面出现褐色斑，病部有褐色黏液溢出（图 53），黏液有发酵气味。后期全果腐烂，并失水成为僵果。

病原

苹果链核盘菌［*Monilinia mali*（Taka.）Wetzel］，属于子囊菌亚门真菌。

发病规律

病菌在落于地面的病果中形成菌核越冬。翌年春天，菌核萌发形成子囊盘并释放子囊孢子，通过气流传播侵害叶片及花。果树萌芽展叶期多雨低温是花腐病发生的主要条件。

防治方法

1. 搞好果园卫生　落叶后彻底清除树上、树下的病叶、病果及病枝，集中深埋或带出园外烧毁。生长期结合疏花、疏果及时摘除病叶、病花、病果，集中销毁。

2. 生长期药剂防治　花腐病发生严重的果园，分别在萌芽期、初花期及盛花末期各喷药 1 次，即可有效防治花腐病发生。常用药剂有：15％三唑酮可湿性粉剂 1 000～1 500 倍液，50％速克灵可湿性粉剂 1 000～1 500 倍液，70％甲基托布津可湿性粉剂 1 000～1 200 倍液及 50％多霉灵可湿性粉剂 1 000～1 500 倍液等。

苹果轮纹烂果病

症状

轮纹烂果病典型症状特点是：以皮孔为中心形成近圆形腐烂病斑，表面不凹陷，病斑颜色深浅交替呈同心轮纹状（图 54）。

果实发病，多从近成熟期开始，初以皮孔为中心产生淡红色斑点（图 55），继而成为水浸状褐色小斑，扩大后呈淡褐色至深褐色腐烂病斑，病斑圆形或不规则形（图 56），典型的有颜色深浅交替的同心轮纹，病斑表面不凹陷（图 57、图 58）。病果腐烂多汁，没有明显异味，常有茶褐色黏液溢出。病斑颜色因品种不同而有一定差异：一般黄色品种颜色较淡，多呈淡褐色至褐色（图 57）；红色品种颜色较深，多呈褐色至深褐色（图 58）。后期，病部多凹陷，其表面可散生许多小黑点（图 59），病果失水干缩后成为黑色僵果。病果易脱落，严重时树下落满一层。

轮纹烂果病与炭疽病症状相似，较易混淆，若详细比较，有 6 点不同：①轮纹病表面一般不凹陷，炭疽病表面平或凹陷；②轮纹病表面颜色不均匀，呈淡褐色至深褐色，炭疽病颜色均匀，呈红褐色至黑褐色；③轮纹病腐烂果肉无特殊异味，炭疽病果肉味苦；④轮纹病小黑点散生，炭疽病小黑点多呈轮纹状排列；⑤轮纹病小黑点上一般不产生黏液；若产生则为灰白色，炭疽病小黑点上极易产生粉红色黏液；⑥轮纹病剖面底部钝圆，呈“圆锅底”状，炭疽病底部尖，呈 V 字形。

病原

轮纹烂果病病原主要为贝伦格葡萄座腔菌（*Botryosphaeria berengeriana* de Not.）和贝伦格葡萄座腔菌梨生专化型[*B. berengeriana* de Not. f. sp. *piricola* (Nose) Koganezawa et Sakuma]2 种，均属于子囊菌亚门真菌，但自然界常见其无性阶段，无性阶段属于半知菌亚门。

发病规律

轮纹烂果病菌主要以菌丝体、分生孢子器及子囊壳在枝干病斑及枯死枝上越冬，第二年产生分生孢子及子囊孢子。通过风雨传播到果实上，主要从皮孔或气孔侵染为害。病菌一般从苹果落花后 7～10 天开始侵染，一直到皮孔封闭期结束，皮孔封闭晚熟品种如富士等一般在8月底9月初，即在晚熟品种上病菌侵染期可长达4个月。该病具有潜伏侵染现象，其侵害特点为：病菌幼果期开始侵染，果实近成熟期开始发病，采收期严重发病，采收后继续发病。

该病的发生轻重，与果园内枝干上的病菌数量有密切关系，树上的带菌枯死枝作用最大。影响该病发生的决定性因素为降雨情况，尤其5至8月份的降雨，一般每次降雨后，田间都会出现一次孢子高峰，形成一次病菌侵染高峰。

病菌28～29℃时扩展最快，5天病果即可全烂；5℃以下扩展缓慢，0℃左右基本停止扩展。

防治方法

1. 处理越冬菌源　①搞好果园卫生：剪除树上各种枯死枝、破伤枝，树体开张角度不要使用修剪下来的带皮枝段作为支棍，春天刮除主干、主枝轮纹病斑（详见枝干轮纹病）；②主干、主枝抹药：刮病斑后主干、主枝涂抹甲基托布津油膏（70％甲基托布津：植物油＝1：15～20），杀灭残余病菌；③树体喷药：发芽前，全园喷施1次35％轮纹病铲除剂100～200倍液加助杀1 000倍液，铲除部分枝干病菌。

2. 防止病菌侵染　从落花后7～10天开始喷药，到果实皮孔封闭结束，一般为5月初至8月底9月初。如果果实生长后期有暴风雨，则暴风雨后还应喷药。具体喷药时间应根据降雨情况而定，尽量在雨前喷药，雨多多喷，雨少少喷，无雨不喷，一般年份8～12次即可，但必须选用耐雨水冲刷的药剂。

根据果实生长特点与生产优质果要求，可将喷药防治期分为3个阶段。第一阶段：落花后7～10天至麦收前或套袋前。该期是幼果敏感期，用药不当极易造成药害（果锈、果面粗糙等），因此必须选用安全农药，10天左右1次，连喷3至5次。最佳药剂选择有：80%大生 M-45 可湿性粉剂 800～1 000 倍液，70%甲基托布津（纯）可湿性粉剂 800～1 000 倍液及 50%多菌灵（纯）可湿性粉剂 600～800 倍液等。第二阶段：麦收后至 8 月上中旬。10～15 天喷药 1 次，该期一般需喷药 4 至 6 次。除上述药剂可选择外，还可选用 70%轮纹净可湿性粉剂 1 000～1 200 倍液，40%百菌净可湿性粉剂 1 000～1 200 倍液及 1：2～3：200～240 倍波尔多液等。第三阶段：8 月上旬至皮孔封闭。10～15 天喷药 1 次，一般需喷药两次左右，除波尔多液不再使用外，上述其它药剂均可选择。若雨前没能喷药，雨后应及时喷用 80%大生 M-45 1 000 倍液＋85%疫霜灵可溶性粉剂 600～800 倍液进行补救。

3. 烂果后“急救”　前期喷药不当后期开始烂果后，应及时喷用内吸性药剂进行“急救”，7～10 天 1 次，直到果实采收。有效药剂为：50%多菌灵（纯）可湿性粉剂或 25%强力多菌灵乳油 600～800 倍液＋85%疫霜灵可溶性粉剂 600 倍液＋助杀 1 000 倍液，35%轮纹病铲除剂胶悬剂 300～400 倍液＋助杀 1 000 倍液。应当指出，该“急救”措施只能控制病害暂时停止发生，并不能根除潜伏病菌。

4. 其它措施　①采用 0～1℃低温贮藏，可控制病害发生；②贮前用 50%多菌灵（纯）可湿性粉剂 600 倍液或 85%疫霜灵可溶性粉剂 500 倍液浸果 2 min，可有效控制贮藏病害发生；③生长期果实套袋。

苹果炭疽病

症状

炭疽病主要为害果实，有时也可为害果台、衰弱枝及破伤枝等。果实受害，从近成熟期开始发病，初期为一外有红色晕圈的褐色小圆斑，表面扁平或稍凹陷（图 60）；病斑扩大后呈褐色或红褐色，圆形或近圆形，表面凹陷，果肉软腐，由浅而深可直达果心。腐烂组织呈圆锥状，有苦味，故又称“苦腐病”。当果面病斑扩展到 1～2 cm 时，从中央开始逐渐产生呈轮纹状排列的小黑点（图61），潮湿条件下黑点上可溢出粉红色黏液。有时小黑点排列不规则，呈散生状；有时小黑点不明显，只见到粉红色黏液（图 62）。果台、衰弱枝及破伤枝受害，不表现明显症状，但潮湿条件下病部可产生小黑点及粉红色黏液。

苹果炭疽病与轮纹烂果病症状相似，但可从 6 个方面进行区分。详见“苹果轮纹烂果病”。

病原

围小丛壳［*Glomerella cingulata*（Stonem.）Spauld. et Schrenk］，属于子囊菌亚门真菌。自然界常见其无性阶段，为胶孢炭疽菌（*Colletotrichum gloeosporioides* Penz），属于半知菌亚门。该菌除为害苹果外，还可侵害梨、桃、杏、葡萄、核桃、刺槐等多种果树与树木。

发病规律

炭疽病菌主要以菌丝体在枯死枝、破伤枝、死果台及僵果上越冬，还可在洋槐上越冬。第二年，越冬菌丝形成分生孢子盘，在潮湿条件下产生大量分生孢子，病菌主要借风雨传播，主要从果实皮孔侵入，也可从伤口或直接侵入。病菌从幼果期至成果期均可侵染果实，但由于幼果抗病能力较强，使得幼果期侵染的病菌处于潜伏状态，不能导致发病；待果实接近成熟，抗病力降低时，才开始表现症状，采收后仍可不断发病。

影响炭疽病发生轻重的主要因素为降雨状况，降雨早且多时炭疽病发生严重，相反则轻；另外，成熟期的冰雹对发病也有重要影响，冰雹后炭疽病常常严重发生。此外，刺槐是炭疽病菌的寄主，果园周围种植刺槐，可加重该病的发生。第三，果园通风透光不良，树势衰弱，树上有许多枯死枝条，也可加重该病的发生。

防治方法

1. 搞好果园卫生　结合修剪，彻底剪除枯死枝、破伤枝及死果台等枯死及衰弱组织；发芽前彻底清除果园中的病僵果，尤其是挂在树上的病僵果；不要使用刺槐作果园的防护林，若已用刺槐者，应尽量压低其树冠，并适当喷药铲除病菌；在生长期，及时摘除树上病果，减少果园发病中心，防止扩散蔓延。另外，发芽前结合其它病害防治，树上喷施40%福美胂可湿性粉剂100倍液对铲除树上病菌有一定效果。

2. 加强栽培管理　增施农家肥及有机肥，增强树势，提高树体抗病能力；合理修剪，使树冠通风透光，降低小气候湿度，创造不利于病害发生的环境条件。

3. 生长期喷药保护　药剂保护的关键是适时喷药。一般从落花后10～15天开始喷第一次药，以后根据药剂持效期长短，安排喷药间隔期，一般果园需连喷4至6次，后期若遇暴风雨或冰雹，还应增加喷药次数。前期可选用的有效药剂有：80%大生M-45可湿性粉剂800～1 000倍液，62.25%仙生可湿性粉剂600倍液，70%甲基托布津可湿性粉剂或25%强力甲基托布津乳油1 000～1 200倍液及50%多菌灵可湿性粉剂或25%强力多菌灵乳油800～1 000倍液等；中后期可选用的有效药剂除上述药剂外还有：40%炭特灵可湿性粉剂600～800倍液，80%炭疽福美胂可湿性粉剂800～1 000倍液，50%苯菌灵可湿性粉剂1 000～1 200倍液及1∶2～3∶200～240倍波尔多液等。当果园周围的防护林为刺槐时，每次喷药均应连刺槐一起喷洒。

苹果霉心病

症状

霉心病只为害果实，尤以元帅系品种受害严重。根据病害发生特点，其症状表现主要分为 2 种类型。①霉心型：主要特点是心室发霉，在心室内产生灰绿、灰白、灰黑等颜色的霉状物，该霉状物局限于心室（图 63），因此，该类型症状不致影响果品食用；②心腐型：主要特点是导致果心区果肉从心室向外层腐烂，严重时可使果肉烂透，直至果实表面（图 64）。腐烂果肉味苦。严重霉心病果，导致幼果早期脱落；轻病果可正常成熟，但造成成熟期至采收后果实心室发病。

病原

苹果霉心病由半知菌亚门的多种弱寄生真菌侵染引起，主要是细链格孢菌［*Alternaria alternata*（Fr.）Keissl］和粉红单端孢［*Trichothecium roseum*（Bull.）Link］。

发病规律

霉心病菌在自然界广泛存在，主要通过气流传播，在苹果开花期通过柱头侵入。病菌侵染柱头后，能否进入心室，主要决定于萼心间组织的状态：萼心间组织疏松、有孔洞、维管束组织枯死的果实，病菌可进入心室导致发病；相反，则病菌不能进入心室，即不能引起病害。

霉心病发生轻重与花期湿度及品种关系密切，花期及花前阴雨潮湿病重，元帅系品种及北斗高感霉心病，富士系品种发病较轻，国光品种不发生。

防治方法

1. 药剂防治　苹果盛花末期喷用1次80%大生M-45可湿性粉剂600～800倍液，可基本控制该病为害。花期用药，时间越早效果越好，完全落花后喷药几乎无效。

2. 低温贮藏　1～3℃贮藏，可基本控制病菌生长蔓延，避免心腐果形成。

苹果褐腐病

症状

褐腐病只为害果实，多在近成熟期开始发生，直至采收期乃至贮藏期。其发病后的主要特点是：病果呈褐色腐烂，腐烂病斑表面产生有灰白色霉丛或霉层（图65）。病果果肉松软呈海绵状，略有韧性，稍失水后有弹性，甚至可呈皮球状。灰白色霉丛有时可呈轮纹状排列（图66）。病果后期失水干缩，呈黑色僵果。

病原

寄生链核盘菌[*Monilinia fructigena*（Aderh. et Ruhl.）Honey]，属于子囊菌亚门真菌。该菌对温度适应性强，0℃时仍可扩展。

发病规律

病菌主要以菌丝体在病僵果上越冬，第二年产生分生孢子，借风雨传播，主要从伤口侵入为害，潜育期5～10天。果实近成熟期伤口情况是影响该病发生的主要因素，近成熟期多雨潮湿可加重该病发生。

防治方法

1. 搞好果园卫生　落叶后至发芽前，彻底清除树上、树下的病僵果，集中深埋或烧毁，消除越冬病菌。

2. 治虫防病　搞好蛀果害虫防治，避免造成果实伤口。

3. 适时药剂防治　褐腐病严重果园，从采收前1.5个月（中熟品种）至2个月（晚熟品种）开始喷药，10～15天1次，连喷2次药即可控制该病为害。常用有效药剂有：80%大生M-45可湿性粉剂800～1 000倍液及50%扑海因可湿性粉剂1 000～1 500倍液，40%百可得可湿性粉剂1 000～1 500倍液，70%甲基托布津可湿性粉剂1 000～1 200倍液，50%多霉灵可湿性粉剂1 000～1 200倍液等。

苹果疫腐病

症状

疫腐病主要为害果实，也可为害根颈部及叶片。果实受害，多发生于近地面处，初期果面产生不规则褐绿色斑块（图67）；高湿条件下，病斑迅速扩大，导致全果形成淡褐色至褐色腐烂（图68），有时病斑处果皮与果肉分离，外表似白蜡状，后期病斑表面产生白色棉毛状物（图69），尤其在伤口及果肉空隙处常见。腐烂果实有弹性，呈皮球状，最后失水干缩。根颈部受害，病部皮层变褐腐烂，高湿时腐烂皮层表面也可产生白色棉毛状物；轻病树，树势衰弱，落叶早、发芽迟，叶片小而失绿；当腐烂部位围根颈一周时，全树萎蔫、干枯而死亡。叶片发病，形成淡褐色至暗褐色不规则形病斑，高湿时全叶腐烂。

病原

恶疫霉［*Phytophthora cactorum*（Leb. et Cohn.）Schrot.］，属于鞭毛菌亚门真菌，该菌寄主范围非常广泛。

发生规律

病菌主要以卵孢子及厚垣孢子在土壤中越冬，也可以菌丝状态随病残体越冬，翌年遇降雨或灌溉时，产生游动孢子囊和游动孢子，随雨水或流水传播为害。果实整个生长期均可受害，但以中后期果实受害较多，近地面果实受害较重。多雨年份发病重；地势低洼、果园杂草丛生等高湿环境易诱发疫腐病；根区积水并有伤口时易严重发病。

防治方法

1. 加强栽培管理　注意果园排水，及时中耕除草，疏除过密枝条及下垂枝，降低小气候湿度，可减轻发病；及时回缩下垂枝，提高结果部位，树冠下铺草或覆盖地膜，可有效控制发病；果园内勿种茄果类蔬菜，避免加重发病；及时清除树上及地面的病果、病叶，避免病害扩大蔓延。

2. 喷药保护果实　发病严重果园，从雨季到来前开始喷药保护果实，10～15 天 1 次，连喷 4 至 6 次。常用有效药剂有：80％大生 M-45 可湿性粉剂 600～800 倍液，58％雷多米尔可湿性粉剂 600～800 倍液，64％杀毒矾可湿性粉剂 600～800 倍液，72％霜脲锰锌可湿性粉剂 600～800 倍液，72.2％普力克水剂 600～800 倍液及 85％疫霜灵可溶性粉剂 600～700 倍液等。喷药时着重喷布下部叶片及果实。

3. 治疗根颈部病斑　扒土晾晒并刮去腐烂变色的皮层，而后涂药保护伤口。常用药剂为 85%疫霜灵可溶性粉剂 300 倍液等。同时，刮下的病组织要彻底收集并烧毁，严禁埋于地下；扒土晾晒后要用无病新土覆盖，覆土要略高于地面，避免根颈部积水。根颈部病斑较大时，及时桥接，促进树势恢复。

苹果蝇粪病

症状

蝇粪病主要为害果实。发病后的主要特点是在果皮表面着生许多蝇粪状小黑点，小黑点常连成一小片（图 70）。黑点光亮，稍隆起，有时呈轮纹状排列，用力可以完全擦去。该病只影响苹果的外观质量，不造成实际的产量损失。

病原

仁果细盾霉(*Leptothyrium pomi* Sacc.)，属于半知菌亚门真菌。

发病规律

仁果细盾霉是一种果面附生物，以果面分泌物为营养，不侵入组织内部。果实生长中后期，多雨年份或低洼潮湿、树冠郁闭、通风透光不良的果园容易发病。

防治方法

1. 加强栽培管理　合理修剪，改善树体通风透光条件，雨季及时排水，降低小气候湿度。

2. 适当喷药　多雨年份及地势低洼果园，果实生长中后期适当喷药 2 次左右，有良好防治效果。有效药剂如 80%大生 M-45 可湿性粉剂 800～1 000 倍液及 1∶2～3∶200～240 倍波尔多液等。

苹果煤污病

症状

煤污病主要为害果实，在果实表面形成棕褐色或黑色煤烟状污斑，边缘不明显，用手容易擦掉（图 71）。严重时，果面常布满煤污状斑（图 72），严重影响果实外观质量，降低商品价值。

病原

仁果丝垫半壳孢霉［*Gloeodes pomigena*（Schw.）Colby］，属于半知菌亚门真菌。

发病规律

煤污病菌是一种果面附生物，多雨季节借风雨传播到果面上，以果面分泌物为营养进行附生，不进入果实内部。果实生长中后期，多雨潮湿、树冠郁闭等有利于该病发生。

防治方法

参考“苹果蝇粪病”。

苹果红粉病

症状

红粉病主要为害果实，发病后的主要症状特点是在病斑表面产生一层淡粉红色霉状物（图 73）。该病发生与伤口有密切关系，一般多从伤口处开始发生，形成圆形或不规则形淡褐色腐烂病斑（图73）。田间温度高时，在花萼残余部分有时也可产生红粉状物。

病原

粉红单端孢［*Trichothecium roseum* (Bull.) Iink］，属于半知菌亚门真菌。

发病规律

红粉病菌在自然界分布非常广泛，可在许多种基物上腐生，受害苹果主要从伤口及死亡组织侵入，进而扩展形成病斑。水肥管理失调，果实自然裂伤较多，有利于病害发生；果实病虫防治不及时，病虫伤较多，可以导致红粉病较重发生；树冠郁闭，田间湿度大，常加重病害发生。

防治方法

加强肥水管理，避免果实开裂；及时防治果实病虫害，防止造成果实受伤；合理修剪，使树体通风透光，降低小气候湿度，创造不利于病害发生的环境条件。

苹果黑点病

症状

黑点病主要为害果实。初期，围绕皮孔产生深褐色至黑色稍凹陷病斑，似小米粒大小；后病斑扩张，直径可达 5 mm 左右，明显凹陷，且病斑表面产生黑点。病斑皮下果肉有苦味，但不深入内部（图 74）。

病原

仁果球腔菌［*Mycosphaerella pomi* (Pass.) Iindau］，属于子囊菌亚门真菌。

发病规律

病菌主要以菌丝体或子实体在病僵果上越冬，翌年产生孢子，借风雨传播，从气孔或皮孔侵染为害。苹果落花后 10～30 天易染病，潜育期 40～50 天。

防治方法

1. 注意果园卫生　及时清除病残体，集中烧毁或深埋。

2. 药剂防治　从落花后 10 天左右开始喷药，每 10 天 1 次，连喷两三次。有效药剂有：80%大生 M-45 可湿性粉剂 800～1 000 倍液，50%苯菌灵可湿性粉剂 1 000～1 500 倍液，70%甲基托布津可湿性粉剂 800～1 000 倍液及 25%强力多菌灵乳油 600～800 倍液等。

苹果套袋黑点病

症状

苹果套袋黑点病只在套袋苹果上表现症状。坏死黑点多发生在萼洼处，有时也发生在胴部及肩部，只局限在果实表层，影响果实的外观品质。黑点自针头大小至米粒大小不等，常几个至几十个（图 75）。

病因及发生规律

苹果套袋黑点病的发生原因目前尚不完全明确。缺钙可能是诱发该病的原因之一；另外，也可能是由于链格孢菌（*Alternaria* sp.）侵染所致。据田间观察，影响该病发生轻重的主要因素有 4 个方面：①果园施肥状况；②纸袋质量；③套袋前杀菌剂喷用情况；④高温、高湿等气候因素。

防治方法

1. 合理施肥　增施有机肥，增施钙肥，适量施用化肥。

2. 选用优质苹果袋

3. 喷施钙肥　落花后至套袋前喷施钙肥，15 天 1 次，连喷 3 次左右，以选用高效钙 300 倍液效果最佳。

4. 药剂防治　套袋前喷用 1 次 80%大生 M-45 可湿性粉剂 800 倍液，可显著减轻发病情况。

苹果泡斑病

症状

泡斑病只为害果实，在果实皮孔四周形成褐至黑褐色病斑。初期，于皮孔处产生很小的水渍状、微隆起的淡褐色泡斑，后病斑扩大，颜色变深，泡斑开裂，中部凹陷，个别病斑向果肉延伸 1～2 mm。严重时一个果上生有 100 余个病斑，虽对产量影响不大，但商品价值显著降低（图 76）。

病原

丁香假单孢杆菌[*Pseudomonas syringae* cv. *papulans* (Rose) Dhan.]，属于细菌。

发病规律

病菌主要在芽、叶痕及落地病果中越冬，生长季节依附于叶、果或果园内杂草上存活，借风雨传播，从气孔或皮孔侵入果实。多雨潮湿年份病害发生严重。

防治方法

主要为药剂防治。一般从落花后 10～14 天开始喷药，10 天左右 1 次，连喷两三次。常用有效药剂如：1 000 万 IU 新植霉素 3 000～4 000 倍液、72%农用链霉素 3 000～3 500 倍液，细菌灵水剂 8 000～10 000 倍液等。

苹果黑腐病

症状

黑腐病主要为害果实，其次也可为害枝、叶。果实受害，多从萼洼部位开始发病，初生褐色小病斑；渐发展成黑褐色，并具同心轮纹，病组织较坚硬，有霉味；后期，病果失水皱缩，成黑色僵果，果皮下密生黑色小粒点（图 77）。枝条受害，病斑初为红褐色，后变暗褐色，形状不规则，干缩凹陷，周缘裂开，上生小黑点。叶片发病，形成近圆形至不规则形病斑，中部稍凹陷，灰黑色，边缘稍隆起，褐色，上生许多小黑点。

病原

[*Botyosphaeria obtusa* (Schwein.) Shoem@ker]，属于子囊菌亚门真菌；无性阶段为仁果球壳菌（*Sphaeropsis malorum* Peck），属于半知菌亚门。

发病规律

病菌主要以菌丝体和分生孢子器在枝干病斑、病僵果及落叶中越冬，第二年产生孢子，借风雨传播，在果及枝上从伤口侵入，叶上从气孔侵入，果实受侵染后，多在近成熟期开始发病。弱枝、弱树受害较重。

防治方法

1. 搞好果园卫生　结合修剪，剪除病枯枝，发芽前彻底清扫落叶、病僵果等病残体，集中销毁。

2. 加强栽培管理　增强树势，提高树体抗病能力。

3. 生长期药剂防治　结合其它主要烂果病喷药防治，详见“苹果果实轮纹病”。

苹果链格孢黑腐病

症状

苹果链格孢黑腐病只为害近成熟至采收后的果实，从伤口处开始发病。初期产生褐色至黑褐色圆形病斑，逐渐扩大，形成圆形或近圆形、褐色至黑褐色腐烂病斑，表面凹陷。有时腐烂病斑表面裂口处可产生黑色霉状物（图 78、图 79）。

病原

链格孢（*Alternaria* sp.），属于半知菌亚门真菌。

发病规律

链格孢在自然界广泛存在，近成熟至采收后的果实受伤（包括自然裂伤等）是诱发该病发生的主要因素。果实缺钙，自然裂伤严重，可加重该病发生。

防治方法

1. 合理施肥　增施有机肥，增施钙肥，减少果实自然裂伤。
2. 防治病虫害　及时防治其它果实病虫害，防止果实受伤。
3. 药剂防治　采收后，用80%大生M-45可湿性粉剂400～600倍液浸果1 min，晾干后贮运，可显著减轻采后烂果。

苹果青霉病

症状

青霉病只为害果实，主要发生在采后贮运期。初期病斑圆形或近圆形，表面淡褐色，常有凹陷，呈局部腐烂；条件适宜时，病斑迅速扩展，导致全果呈淡褐色至黄褐色腐烂，腐烂果肉呈烂泥状，并有强烈的特殊霉味。潮湿条件下，后期病斑表面可产生小瘤状霉丛，该霉丛初为白色，渐变灰绿色，有时瘤状霉丛呈轮纹状排列，有时霉状物不呈丛状而呈层状。在霉丛或霉层表面产生灰绿色粉状物，受震该粉状物易形成“霉烟”。病果失水干缩后，果肉常全部消失，仅留一层果皮（图80）。

病原

由多种青霉菌引起，常见的为扩展青霉［*Penicillium expansum*（Link）Thom］和意大利青霉［*P. italicum* Wehm.］，均属于半知菌亚门真菌。

发病规律

青霉病菌广泛存在于各种贮存场所，主要从碰伤、挤压伤、刺伤、虫伤等各种伤口侵染为害，病健果接触也可直接侵染。高温、高湿条件下病害发生严重，但病菌耐低温，0℃时仍能缓慢发展。

防治方法

1. 防止果实受伤　这是防治青霉病最根本的措施。生长期注意防治蛀果害虫；采收时合理操作，不要造成人为损伤；入库前严格挑选，杜绝病虫伤果入库。

2. 改善贮藏条件　注意贮藏场所消毒，尽量采用气调贮藏及低温贮藏，减轻病害发生。

3. 药剂处理　贮藏前用 0.5％过碳酸钠溶液浸果 2～3 min，可显著减轻贮藏期青霉烂果。

苹果锈果病

症状

锈果病为全株性病害，但只在果实上表现明显症状，因品种不同主要有 3 种症状类型。

（1）锈果型。典型表现是，从萼洼处开始，向梗洼方向呈放射状产生锈色条纹（图 81），该条纹由表皮细胞木栓化形成，多不规则，但可见其与心室相对。严重病果，果面龟裂，果实畸形，果肉僵硬，失去食用价值（图 82）。主要表现在国光、白龙等品种上。

（2）花脸型。病果着色前无明显症状，着色后果面散生许多不着色的黄绿色斑块，使果实呈红绿相间的“花脸”状（图 83）。主要表现在元帅、倭锦等着色品种上。

（3）锈果-花脸型。病果上既有锈色斑纹，又有着色不均表观。元帅、倭锦等品种上常见。

另外，在国光、白龙等品种上，有时还可见“星裂型”症状：果面上产生许多星状纵横裂纹，裂缝处稍凹陷（图 84）；在白龙、金冠、黄魁等品种上，有时还可出现“绿点型”症状：果面凹凸不平，有许多深绿色斑块。

病原

苹果锈果类病毒（ASSD）。

发病规律

该病近距离主要通过嫁接和病健根接触传染，无论砧木或接穗，只要一方带毒，均可导致病害蔓延。梨树可以带毒，但不表现明显症状，却可通过根接触传给苹果。远距离传播主要通过带病苗木的调运。

防治方法

1. 培育和利用无病苗木　坚决杜绝在病树上剪取接穗。这是防治锈果病最主要的措施。

2. 避免苹果、梨混栽　防止梨树带毒传染。

3. 清理病树　发现病树，立刻刨除，防止扩散蔓延。

苹果花叶病

症状

花叶病为全株性病害，但主要在叶片上表现明显症状，其主要特点是在绿色叶片上出现褪绿斑块，使叶片颜色浓淡不均，呈现“花叶”状。花叶具体特点因苹果品种及病毒株系不同而变化较大，大致有4种类型。

轻型花叶型：症状表现最早，叶片上有较小的褪绿斑块，高温季节症状隐蔽（图85）。

重型花叶型：叶片上有较大的褪绿斑块，甚至产生枯死斑，高温不能隐症。

黄色网纹型：叶片褪绿沿叶脉发生，叶肉仍保持绿色（图86）。

环斑型：叶片产生圆形或近圆形环斑（图87）。

病原及发生规律

苹果花叶病由李属坏死环斑病毒苹果株系所致。该病毒主要通过嫁接传播，无论接穗还是砧木带毒，都是侵染来源。

防治方法

1．培育和利用无病苗木　这是防治花叶病最根本的措施。育苗时选用无病实生砧木，坚决避免在病树上剪取接穗。

2．拔除病苗　苗圃内发现病苗，彻底拔除销毁。

3．加强病树管理　对病树加强水肥管理，增施农家肥，适当重剪，增强树势，提高抗病能力，减轻病情为害。对丧失结果能力的重病树，及时彻底刨除。

苹果褐环病

症状

褐环病只在果实上表现症状。当果实几乎停止生长时开始发病，在果面上形成大小不一、形状不规则的淡褐色、弧形或环形病斑，病斑仅限于果实表皮，不深入果肉（图 88）。

病原及发生规律

褐环病由苹果褐环病毒引起，目前仅明确可以通过嫁接传播，潜育期长达 4～5 年。

防治方法

1. 培育无病苗木　选择无病毒接穗和砧木，培育和利用无病毒苗木。
2. 清除病树　及时砍除病树，防止扩大蔓延。

苹果绿皱果病

症状

绿皱果病只在果实上表现症状。果实发病，多从落花后 20 天左右开始，果面先出现水渍状凹陷斑块，形状不规则，直径 2～6 mm；以后果面凹凸不平，呈畸形状（图 89）；再后，病果果皮木栓化，呈铁锈色并有裂纹。病果凹陷斑下的维管束呈绿色并弯曲变形。

病原及发生规律

绿皱果病由苹果绿皱果病毒引起。该病毒目前仅知可以通过嫁接传染，病害潜育期最少 3 年，最长可达 8 年之久。绿皱果病可全株发病，也可部分枝条发病，还可病果零星分布。

防治方法

1. 培育和利用无病毒苗木　这是彻底防治该病最根本的措施。

2. 禁止在病树上高接换种　严禁从带毒树上剪取接穗繁育苗木。

3. 清除病树　发现病树，及时刨除。

苹果畸果病

症状

畸果病只在果实上表现症状，从幼果期至成果期均可发病。幼果发病，病果凹凸不平，呈畸形状，易脱落。成果发病，果面产生许多不规则裂缝（图 90），但病果不易腐烂。

病原及发生规律

畸果病是一种病毒病害，由苹果畸果病毒引起。该病目前只明确可以通过嫁接传播。

防治方法

1. 培育无病苗木　避免从病树上采接穗，防止病害传播蔓延。

2. 清除病树　发现病树，及时、彻底刨除，烧毁。

苹果褐点病

症状

褐点病只在果实上表现症状，多在果实近成熟期发病。初期，在果皮下出现变色小斑点，随后斑点发展到果皮表面，淡褐色，近圆形，边缘明显；常见许多病斑散布于病果表面，使病果呈“麻脸”状（图 91）。病斑仅限果实表层，不深入果肉内部。

病原及发生规律

对褐点病尚缺乏深入研究，可能由病毒引起。该病在果园内具整株发病特点，有连年发病特征。

防治方法

培育和利用无病毒苗木，严禁在病树上剪取接穗，发现病树彻底刨除。

白龙苹果条裂病

症状

白龙苹果条裂病主要为害白龙品种，在枝干上表现症状。主干、主枝、侧枝等都有可能发病，无论什么部位发病，其主要症状特点均是皮层产生纵向裂缝，导致树势衰弱（图 92、图 93）。

病原及发生规律

白龙条裂病的发生原因尚不完全明确,可能为病毒类病害,病害蔓延主要为苗木、接穗等繁殖材料传播。

防治方法

培育和利用无病苗木是防治该病最根本的措施。

苹果日烧病

症状

日烧病主要发生在果实上。初期，果实向阳面果皮颜色变淡，呈灰白色至苍白色，有时外围有淡色红晕（图 94)；进而果皮变褐至红色坏死（图 95)；近成熟果受害，坏死斑外有红色晕圈；后期，由于杂菌感染，病斑表面常有黑色霉状物（图 96)。日烧病斑多为圆形、扁平或略凹陷，只局限在果实浅层，不深入果肉内部，一般深为 0.5～1.5 mm。

病因及发生特点

苹果日烧病是一种生理性病害。在炎热的夏季，由于阳光直射，表面温度很高，使果皮发生烫伤，造成日烧。修剪过度，果实无枝叶遮荫是引发日烧的主要原因；高温干旱，土壤水分供应失调，可以加重该病发生。

防治方法

1. 合理修剪　使果实能够有枝叶遮荫，避免阳光直接照射果实。

2. 及时灌水　使土壤供应果树水分充分，果实含水量充足，提高果实抗逆能力，避免或延缓日烧病发生。

3. 药剂防治　将出现炎热天气时，上午及时喷洒 0.2%～0.3%磷酸二氢钾或清水，对日烧病的发生有一定控制作用。

苹果虎皮病

症状

虎皮病又称褐烫病，是果实贮藏中后期的一种生理性病害，其主要特征是果皮呈现晕状不规则褐变，似水烫状。发病初期，果皮呈不规则形淡黄褐色斑块，略凹陷或果点周围略生起伏（图 97）；稍后，病斑颜色变深，呈褐色至暗褐色，凹陷明显（图 98），严重时，病皮可成片撕下。病果仅表面几层细胞变褐，内部果肉不变色，但果肉松软发绵并略有酒味，后期易受霉菌感染而导致腐烂。病变先在阴面未着色部分发生，严重时才扩展到阳面着色部分。

病因及发生特点

虎皮病的发生原因相当复杂，主要是苹果果蜡中产生的挥发性半萜烯类碳氢化物法尼烯能氧化产生共轭三烯，伤害果皮细胞所造成的。对虎皮病敏感的品种及采收过早、成熟度不足的果实，法尼烯的含量较高，共轭三烯产生量较多，在适宜的条件下即出现病害。另外，库温越高发生越重；贮藏期包装严密通风差的较包装松散通风好的发病重；生长期凡是可能导致果实延迟成熟的栽培和气候条件，如重施氮肥、修剪过重、新梢生长过旺、秋雨多、低温高湿等，都能促使虎皮病加重。

防治方法

1. *适时采收* 对易感病的国光、印度、青香蕉等品种，待果实充分发育成熟后再采收，避免采收过早。

2. *加强栽培管理* 增施有机肥，注意氮、磷、钾比例，后期不要偏施氮肥，雨季及时排水，适当疏花疏果。

3. *提倡冷库贮藏和气调贮藏* 在O_2含量1.8%～2.5%、CO_2含量2%～2.5%、其它为N_2的气调环境中，贮藏苹果7.5个月，也不发生虎皮病。冷库贮藏温度一般为0～2℃，并应充分通风。

4. *采后处理* 果实入库前，用含有二苯胺（每张纸含1.5～2 mg）或乙氧基喹（每张纸含2 mg）的包果纸包果；或用0.1%二苯胺液或0.25%～0.35%乙氧基喹液或1%～2%卵磷脂溶液或50%虎皮灵乳剂125～250倍液浸洗果实，待果实干后装箱贮藏。

苹果苦痘病

症状

苦痘病只为害果实，在果实近成熟期至贮藏期发病。根据病斑大小其症状分为痘斑型和苦痘型。这2种病斑都以皮孔为中心。

痘斑型：初在果皮下产生褐色病变，表面颜色较深，有时呈紫红色斑点（图99），后病斑逐渐变褐枯死，凹陷，直径2～4 mm，常见许多病斑散生（图100），斑下果肉坏死干缩呈海绵状，病变只达浅层果肉，味苦。

苦痘型：症状表现与痘斑相似，只是病斑较大，直径达6～12 mm，多发生在果实萼端及胴部，有时多个散生，有时只有一两个病斑（图101、图102）。

病因及发生特点

苦痘病是一种生理性病害，主要由果实缺钙引起。当果实内Ca^{2+}浓度低于 110 mg/kg 时，原生质及细胞膜崩溃，导致果肉出现褐点，外部表现凹陷坏死斑。另外，果实内氮钙质量比大于 10 时，容易发生苦痘病，达 30 时严重发病。

防治方法

1. 加强土壤管理　增施有机肥及绿肥，适量施用钙肥，避免偏施氮肥。旱季注意浇水，雨季及时排水。

2. 适当喷钙，果实补钙　果实补钙最有效的时间是落花后 45 天内，一般应喷钙 2 至 4 次。常用钙肥有速效钙或高效钙300～500 倍液，钙得美 500～600 倍液及 0.3%硝酸钙等。

3. 安全贮藏　采收后先用 4%～5%硝酸钙或氯化钙溶液浸果 2～3 min，而后晾干贮藏，可明显减轻贮藏期病害发生。另外，采用 0～2℃低温贮藏或气调贮藏，可显著减轻贮藏期发病。

苹果蜜病

症状

蜜病又称水心病，只在果实上表现症状，病果大小与正常果无异。果实发病，在果皮表面出现水渍状斑点或斑块（图 103），透明似蜡；剖开病果，果肉内散布许多水渍状半透明斑块（图 104），似“玻璃质”。病果甜味增加，故称“蜜果病”。在贮藏期，病果果肉将逐渐变褐并发生腐烂，可造成严重损失。有时田间早期大量发病，但后期逐渐恢复正常。

病因及发生特点

蜜病是一种生理性病害，由于果实中山梨糖醇、钙、氮代谢转化失调所致。病果中，山梨糖醇无法进入细胞内而充溢于细胞间隙，并从细胞内吸水，当细胞间充水后，因光线的折射作用而呈现透明状。偏施氮肥、钙营养不良时易发病；采收期晚，过熟的果实发病重；果实遮荫不良也易导致该病发生。品种间感病性有一定差异，乔那金、金冠、柳玉等品种易发病。合理施肥，喷施钙肥及土壤施用复合肥等措施可减轻该病发生。

防治方法

1. 加强栽培管理　增施有机肥及农家肥，增施复合肥及磷、钙肥，避免偏施氮肥；合理修剪，使果实适当遮荫；搞好疏果，避免结果量过大；适期采收，防止果实过度成熟。

2. 适当喷钙　苹果落花后 45 天内及采收前 1.5 个月，是果树喷钙的最佳时期，一般喷 4 至 7 次，可基本控制该病发生。常用有效钙肥如速效钙或高效钙 300～500 倍液，钙得美 500～600 倍液及 0.3%硝酸钙等。

3. 药剂浸果　对于感病品种，采收后用 4%～5%硝酸钙或氯化钙溶液浸果 5 min，然后晾干贮藏，可基本控制蜜病为害。

苹果水纹病

症状

水纹病只为害果实，多从果实近成熟期开始发病。病果表面产生许多小裂缝，有时裂缝表面木栓化，似水波纹状（图 105）。裂缝只在果皮及表层果肉，一般不深入果实内部，所以，水纹病果不造成实际的产量损失，只影响果实的外观质量。

病因及发生特点

水纹病是一种生理性病害，主要由果实缺钙引起。经常使用化肥、土壤瘠薄及过量使用氮肥等，均可加重该病发生。

防治方法

防治水纹病的主要措施为加强土壤管理和适当补钙。详见“苹果苦痘病”。

苹果缩果病

症状

缩果病主要在果实上表现症状，因发病早晚及品种不同，其症状表现主要分为果面干斑型和果肉木栓型。

果面干斑型：症状出现早，落花后半个月即可发病。初期果面产生近圆形水渍状斑，皮下果肉呈水渍状半透明，有时病斑表面可溢出黄色黏液。后期病部干缩凹陷，果实畸形，果肉变褐至暗褐色。重病果变小或在干斑处开裂，易早落（图 106、图 107）。

果肉木栓型：自落花后 20 天至采收前陆续发病。初期果肉产生水渍状小斑点，渐变为褐色海绵状，在果肉内多呈条状分布。幼果发病，果实畸形、易早落；后期发病，果形变化较小，手握有松软感。

病因及发生特点

缩果病是一种生理性病害，由于硼素供应不足所致。沙质土壤，硼素易流失；碱性土壤硼呈不溶状态，根系不易吸收；土壤过于干旱，影响硼的可溶性，植株亦难以吸收利用。土壤瘠薄的山地或沙砾地及沙滩地果园发病重，干旱年份或干旱地区发病重。

防治方法

1. 加强栽培管理　改良山地、河沙地及盐碱土果园的土壤，增施有机肥及绿肥，注意果园及时灌水。

2. 根施硼肥　秋季或春季开花前，结合施基肥施入硼砂或硼酸。施用量因树冠大小而定，一般每株施硼砂 50～125 g，如用硼酸，用量为硼砂的 1/3。施后立即灌水，施用 1 次可维持 2～3 年。

3. 树上喷硼　在开花前、花期及花后各分别喷施 0.2%硼砂液 1 次。碱性强的土壤硼砂易被固定，采用树上喷硼效果较好。

苹果小叶病

症状

小叶病主要为害枝梢，使枝梢上叶片变小。病梢节间短，叶片小而簇生，叶形狭长，质地脆硬，叶缘上卷（图 108）。严重时病枝可能枯死。病枝短截后，下部萌生枝条亦表现小叶。

病因及发生特点

小叶病是一种生理性病害，由缺锌引起。沙地、碱性土壤及瘠薄地容易缺锌，土壤中磷酸过多根系吸收锌困难，钙、磷、钾失调也影响锌的吸收利用。

防治方法

1. 增施有机肥　改良土壤；沙地、碱性土壤及瘠薄地注意协调氮、磷、钾比例。

2. 喷施锌肥 萌芽期喷施1次3%～5%硫酸锌溶液，开花前喷施1次0.2%硫酸锌、0.3%～0.5%尿素混合溶液，可基本控制小叶病的当年为害。

3. 土施锌肥 结合根施有机肥，混合施用锌肥，一般每株施硫酸锌0.5～0.7 kg。

苹果黄叶病

症状

黄叶病主要为害叶片，尤以新梢叶片受害最重。初期，叶肉变黄，叶脉仍保持绿色，使叶片呈绿色网纹状；病情加重，除主脉及中脉外，其余全部变成黄绿色或黄白色，新梢上部叶片大部变黄（图109）；严重时，叶缘开始枯死，新梢顶端枯死，呈现枯梢现象。

病因及发生特点

黄叶病是一种生理性病害，由土壤中缺少苹果可利用的铁所引起。铁是叶绿素的组成成分，当铁在土壤中形成难溶解的三价铁盐时，苹果树不能吸收，导致叶片缺铁黄化。

盐碱地或碳酸钙含量高的土壤容易缺铁；大量施用化肥、土壤板结容易缺铁；土壤黏重、排水差、地下水位高的低洼地容易缺铁；根部有病或受损伤易发病。

防治方法

1. 加强果园管理 增施有机肥及绿肥，改良土壤，使土壤中的不溶性铁转化为可溶性态；低洼果园及时开沟排水；盐碱地适当灌水压碱。

2. 土壤施用铁肥　结合根施有机肥土壤施用铁肥，将铁肥与有机肥混合埋施。铁肥用量因树体大小不同而异，一般每株成树根施硫酸亚铁 0.5～0.8 kg。

3. 树上喷铁　发现黄叶后及时喷铁治疗，7～10 天 1 次，直至叶片完全转绿为止。有效补铁配方为：黄腐酸二胺铁 200 倍液，或硫酸亚铁 300～400 倍液＋0.1％尿素＋0.05％柠檬酸的混合液，或黄叶灵 500 倍液等。

4. 根部有病要积极采取措施加以治疗　经验证明，用 25％苯菌灵乳油 400～600 倍液灌根，对多数黄叶病株有效。

苹果果锈病

症状

果锈病只在果实上表现症状，常见有 2 种症状类型。①干裂型：初期果皮表面产生条状小裂口，且仅限于果皮（图 110）；随病情加重，裂口密度加大，且条裂伤口表面产生木栓组织（图 111），造成果实表面严重粗糙。②果皮木栓化型：果皮表面产生黄褐色木栓组织，轻时果面零星分布，严重时几乎整个果面均呈黄褐色木栓化，似“铁皮果”（图 112）。果锈病果不影响产量与食用，但对果实外观质量影响很大。

病因及发生特点

果锈病是一种生理性病害，主要原因是幼果期用药不当，但也有人认为与缺钙及缺硼有关。品种间差异明显，金冠受害最重。苹果落花后的1.5个月内为幼果敏感期，抵抗外界不良环境因素的能力最低，该期间内如果幼果受外界刺激，如施用不安全农药，以及低温、高湿等，均易导致果锈发生。

防治方法

1. 安全用药　苹果落花后1.5个月内选用安全农药，是防治果锈病最根本的措施。常用安全杀菌剂如大生M-45、甲基托布津、多菌灵等，常用安全杀虫杀螨剂如齐螨素（爱福丁）、吡虫啉及菊酯类杀虫剂等。

2. 加强栽培管理　增施有机肥，改良土壤。

3. 喷施硼肥　开花前、花期及落花后各喷施1次0.2%硼砂溶液，既可提高坐果率，又可降低果锈病发生。

4. 施用钙肥　详见“苹果苦痘病”。

苹果裂果病

症状

仅近成熟期果实发病，在果实表面产生1至多条裂缝，裂缝深达果肉内部（图113）。一般情况下，裂缝不易被杂菌感染而导致果实腐烂。

病因及发生特点

苹果裂果病是一种生理性病害，由水分供应失调引起，主要发生在果实生长中后期。国光及富士苹果最易发病，前旱后涝可以加重裂果病的发生。

防治方法

干旱时及时灌水，多雨时注意排水，使果树水分供应基本平衡。避免果实含水量剧烈变化，可有效防止果实裂果。

苹果盐碱害

症状

盐碱害主要在叶片上表现症状，严重时嫩梢也可发病。叶片发病，多从叶缘或叶尖开始，组织变褐枯死，呈叶缘枯状（图114），严重时叶片大部枯死。新梢发病，形成枯梢。

病因及发生特点

盐碱害是一种生理性病害,原因是土壤中某些盐碱含量过高。一些沿海地区及盐碱地区发病较多，土壤地下水位高、过量使用化肥等均可加重该病发生。

防治方法

1. 加强肥水管理　尽量施用有机肥及农家肥，避免过量使用化肥；增施有机肥及绿肥，改良土壤，严重地区灌水压碱，降低浅层土壤盐碱含量。

2. 高垄栽培　盐碱地区栽植苹果树时，采用高垄栽培可显著降低盐碱为害。

苹果药害

症状

苹果药害可发生在苹果树地上部的各个部位。萌芽期造成药害，发芽后叶片多呈“柳叶”状（图 115）。叶片生长期发生药害，导致药害的原因不同，叶片症状也不同。轻时叶片背面叶毛呈褐色枯死，一般在容易积药液的叶尖及叶缘部分受害较重；药害严重时，叶缘甚至全叶变褐枯死（图 116）；有时叶片生长受到抑制，呈丛生皱缩状，叶片厚而脆（图 117）。

果实发生药害，轻者形成果锈（图 118），或影响果实着色（图 119），或形成局部果皮硬化（图 120），果皮硬化者后期常发展成凹陷病斑或凹凸不平，甚至导致果实畸形；重者造成果实局部坏死，甚至开裂（图 121）。

枝干发生药害，造成枝条生长衰弱或死亡，甚至全树因树皮死亡而枯死。

病因及发生特点

药害发生的原因很多，主要是由化学药剂使用不当造成的。当使用高浓度药剂时，因叶片或果实不能承受药剂的为害而发生药害；另外，当喷洒药液量过大时，由于局部积累药过多，也容易发生药害。

药害的发生，除与药剂使用不当有直接关系外，还与环境条件及叶片或果实的生育期有密切关系。如在雨多、日照少的阴湿天气喷施波尔多液，使碱式硫酸铜中的铜离子过量游离而发生药害。又如，幼果对铜素特别敏感，在幼果期使用铜制剂时，很容易发生药害。

药害与药剂种类有密切关系，有些药剂极易发生药害，有些不易造成药害。

树势强弱与药害发生也有一定关系：壮树抗逆性强，不易发生药害；弱树易发生药害。

防治方法

1. 科学使用农药　严格按使用说明选择使用浓度及使用方法，禁止随意提高药液浓度。

2. 根据苹果发育特点，合理选择有效农药　幼果期禁止使用强刺激性药剂，着色期避免使用波尔多液。

3. 加强栽培管理　增强树势，提高树体的耐药能力。

病害原图

《苹果病害原色图说》照片说明

苹果根朽病

1. 皮层与木质部之间充满白色菌丝层
2. 菌丝层呈扇状向外扩展

苹果紫纹羽病

3. 病根表面缠绕有紫红色菌索（引自国外）
4. 根颈部表面产生紫红色半球形菌核

苹果白纹羽病

5. 病根表面缠绕有白色网状菌丝（引自国外）
6. 病根表面有白色菌丝膜

苹果白绢病

7. 主干基部表面产生一层稀疏的白色菌丝网

苹果根癌病

8. 根颈部形成肿瘤
9. 细支根上形成肿瘤，较大

苹果毛根病

10.

苹果根结线虫病

11.

实生苗立枯病

12.

实生苗茎枯病

13.

苹果树腐烂病

14. 病斑边缘红褐色，微隆起；中部黑褐色凹陷
15. 病斑皮层呈鲜红褐色腐烂
16. 病斑表皮下的白色菌丝层及墨绿色小点
17. 病斑表面布满较大而稀的小黑点
18. 潮湿条件下，小黑点上溢出橘黄色丝状物
19. 因腐烂病毁园惨状
20. 病斑绕枝一周，造成整个主枝枯死
21. 枝枯病斑，栓皮易剥离
22. 果实发病症状
23. 脚接状况

苹果干腐病

24. 溃疡型病斑，栓皮翘起呈“油皮”状
25. 枝枯型病斑，病斑小黑点表面产生大量灰白色黏液

苹果枝干轮纹病

26. 初期，皮孔周围形成瘤状突起

27. 病斑周围开裂、翘起，呈马鞍形（可只取锯口以上部分）
28. 树皮粗糙，病斑表面产生小黑点
29. 病斑为害较浅，示挖去病斑后的痕坑

苹果木腐病

30. 木质部表面产生马蹄状子实体
31. 病斑以锯口为中心，表面产生扇状子实体

苹果银叶病

32. 叶片症状（中间为健叶）

苹果褐斑病

33. 针芒型病斑
34. 同心轮纹型病斑
35. 混合型病斑
36. 果实症状（陈策提供）

苹果斑点落叶病

37. 发病初期的嫩叶病斑（陈策提供）
38. 后期病斑表面具有同心轮纹
39. 病叶脱落满地

苹果轮斑病

40.

苹果白粉病

41. 新梢叶片表面布满白粉状物
42. 后期，病梢叶片变褐枯死

苹果锈病

43. 病斑表面，小点变为黑色
44. 叶背面产生淡黄褐色毛状物
45. 果实发病症状

苹果黑星病

46. 叶片发病状况，病斑圆形、灰黑色，中央稍凸起（引自国外）
47. 果实发病初期，黄色病斑表面生有稀疏霉层（王克提供）
48. 果实发病后期，病斑龟裂（引自国外）

苹果白星病

49.

苹果叶斑病

50.

苹果花腐病

51. 叶片中脉两侧形成红褐色病斑
52. 花柄病斑表面产生灰白色霉层
53. 幼果表面溢出褐色黏液

苹果轮纹烂果病

54. 典型轮纹烂果病症状
55. 全果腐烂，病斑云斑状
56. 发病初期，病斑呈淡红色斑点
57. 黄色品种发病症状，病斑颜色较浅

58. 红色品种发病症状，病斑颜色较深
59. 后期，病斑凹陷，表面散生小黑点

苹果炭疽病

60. 发病初期，病斑外有红晕
61. 典型炭疽病斑，小黑点呈轮纹状排列
62. 小黑点不明显，只看到粉红色黏液

苹果霉心病

63. 霉心型病果
64. 心腐型病果

苹果褐腐病

65. 病果褐色腐烂，表面产生灰白色霉层
66. 灰白色霉丛呈轮纹状排列

苹果疫腐病

67. 初期果面产生褐绿色斑块
68. 成串果实呈淡褐色腐烂
69. 病斑表面产生白色棉毛状物

苹果蝇粪病

70.

苹果煤污病

71. 轻病果状况
72. 重病果状况

苹果红粉病

73. 病斑圆形，淡褐色，表面产生淡粉红色霉层

苹果黑点病

74.

苹果套袋黑点病

75.

苹果泡斑病

76.

苹果黑腐病

77.（引自国外）

苹果链格孢黑腐病

78. 病斑褐色，表面裂口处长有黑霉
79. 病斑黑褐色

苹果青霉病

80.

苹果锈果病

81. 从萼洼处产生条状锈斑，向梗洼方向放射
82. 重病果，果面龟裂
83. 果面着色不均，呈“花脸”状

84. 星裂型病果

苹果花叶病

85. 轻型花叶
86. 黄色网纹型病叶
87. 环斑型病叶

苹果褐环病

88. （引自国外）

苹果绿皱果病

89.

苹果畸果病

90.

苹果褐点病

91.

白龙苹果条裂病

92. 主干发病症状
93. 侧枝发病症状

苹果日烧病

94. 发病初期，病斑灰白色，外围有淡红色晕圈
95. 果皮细胞变褐坏死
96. 后期，病斑被杂菌感染后表面有一层黑霉

苹果虎皮病

97. 初期病斑，淡黄褐色不规则形
98. 后期病斑呈褐色

苹果苦痘病

99. 痘斑型病斑，紫红色斑点（陈策提供）
100. 痘斑型病斑，剖面病变很浅（陈策提供）
101. 苦痘型病斑
102. 苦痘型病斑剖面，病变较深

苹果蜜病

103. 病果表面具水渍状半透明斑块
104. 病果果肉内散布“玻璃质”状斑块

苹果水纹病

105.

苹果缩果病

106. 幼果期症状（秦冠品种）
107. 后期症状（秦冠品种）

苹果小叶病

108. 病梢叶片小，梢顶叶丛簇生

苹果黄叶病

109. 新梢上部叶片大部变黄

苹果果锈病

110. 干裂型轻病果

111. 干裂型重病果

112. 木栓化型重病果

苹果裂果病

113.

苹果盐碱害

114.

苹果药害

115. 叶片呈“柳叶”状，发芽前石硫合剂浓度过高造成

116. 叶片边缘变褐枯死

117. 叶片丛生皱缩状，过量施用多效唑造成

118. 果实表面产生果锈

119. 果实着色不均匀，波尔多液后期药害

120. 果实局部硬化、凹陷

121. 果实局部坏死、开裂

1

5 6 7 8

2

9
10
11
12

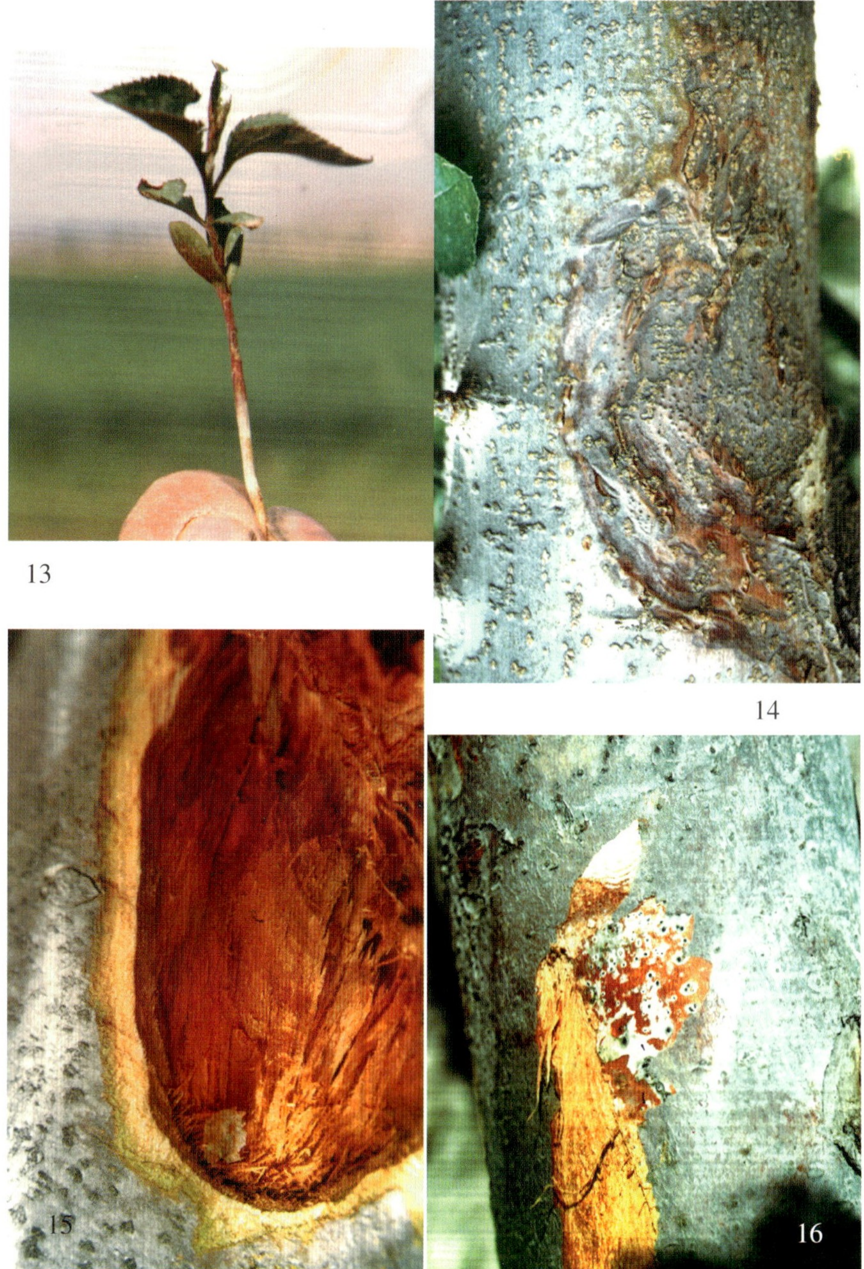

13

14

15

16

17
18
19
20

21

22

23

24

25

26

27

28

29

30

31

32

33
34
35
36

40

39

41

42

43

44

45

46

47

48

49

50

51

52

53

54

55

56

57
58
59
60

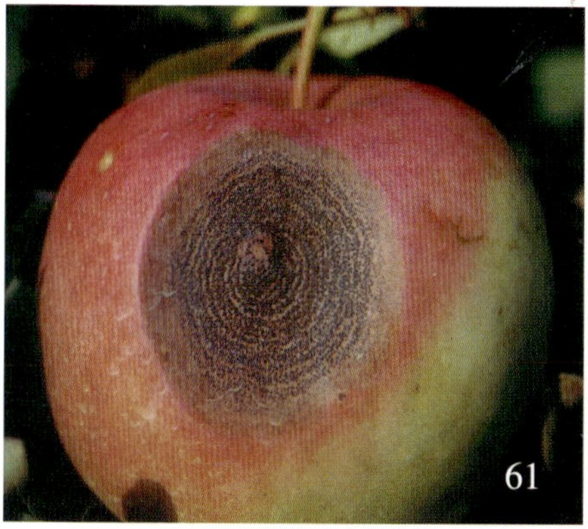

61

62

63

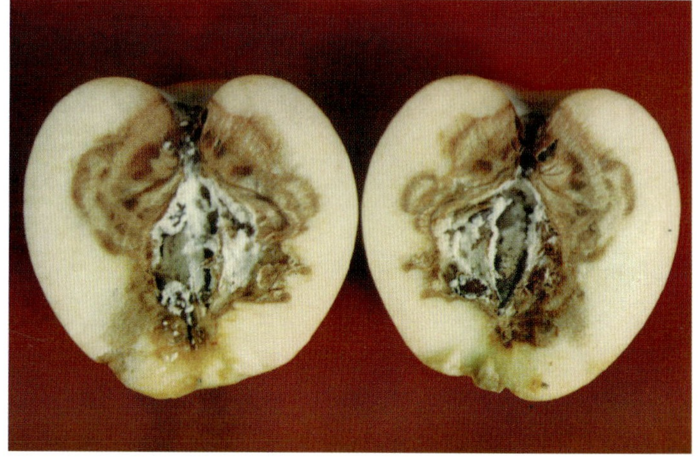

64

65

66

67

68

69

70

71

72

74

73

75

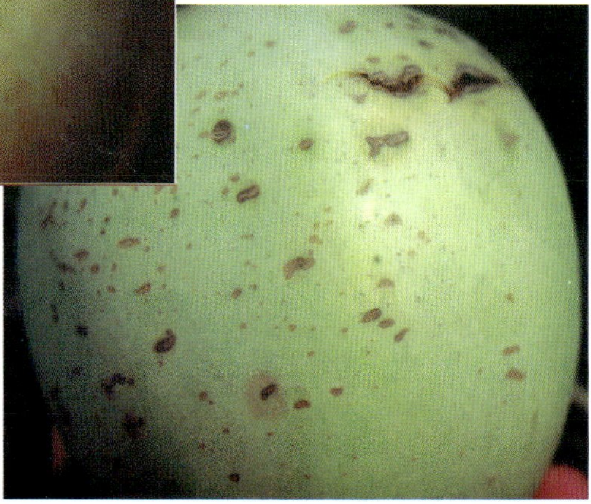

76

77
78
79
80

81

82

83

84

85 86

87 88

89
90
91
92

93
94
95
96

97

98

99

100

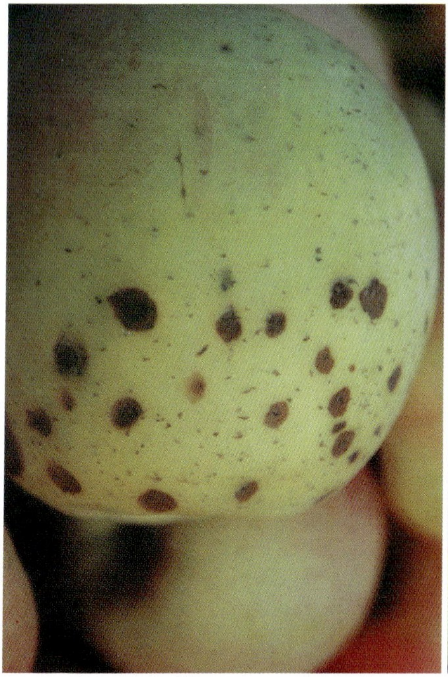

101

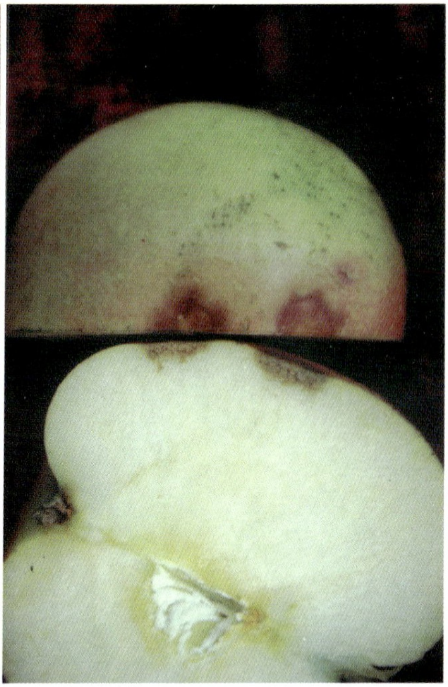

102

103

104

105

106

107

109

108

110

111

112

113

114

115

116
117
118

119

120

121